誰かに話したくなる
大人の鉄道雑学

新幹線や通勤電車の「意外に知らない」から
最新車両の豆知識、基本のしくみまで

土屋武之

SB Creative

著者プロフィール

土屋武之（つちや たけゆき）

鉄道ライター。1965年、大阪府豊中市生まれ。大阪大学文学部卒業後、出版社勤務を経て、フリーランスのライターとして活動。『週刊鉄道データファイル』（デアゴスティーニ・ジャパン）、『鉄道ジャーナル』（鉄道ジャーナル社）などでの執筆で知られ、幅広い視点をいかした鉄道記事に定評がある。著書に『鉄道員になるには』（ぺりかん社）、『きっぷのルール ハンドブック』（実業之日本社）、『ビジュアル図鑑 鉄道のしくみ 基礎篇（すぐわかる鉄道の基礎知識）』（ネコ・パブリッシング）などがある。

本文デザイン・アートディレクション：クニメディア株式会社
本文写真：久保田 敦、土屋武之
校正：曽根信寿

はじめに

　鉄道のことを、どれほどご存じですか？

　そう問いかけられたら、「え⁉ 知っているけれど…」とおっしゃる方も多いのではないでしょうか。時代や社会がどれだけ変わっても、大都市圏の通勤・通学時はラッシュアワーと呼ばれ、驚くべき人数が鉄道を利用します。1日2回、往きと帰りに満員電車に乗り、それが積もり積もって1年間では500回くらいにもなりましょうか。それだけ鉄道を利用しているのだから、たいていのことはわかっている…。そうお思いかもしれません。

　しかし、改まって「日本の鉄道は右側通行？ 左側通行？」「鉄道の信号が変わる順番は？」と聞かれると、意外に即答できないものです。

　私もほうぼうでこの2つをたずねてみましたが、いわゆる鉄道ファンや、鉄道会社に勤めている方でもない限り、「あれ？」と首をかしげられることが、ほとんどでした。「そういえば、私が毎日乗っている路線には信号がない。見たことがない⁉」。そんなことに気づいた方もいました。ないはずがないのですが。

鉄道がどちら側通行であっても、普段の乗車には、何の差しつかえもありません。きっぷを買って（またはICカードを用意して）改札口を通り、自分の目的地へ向かう列車に間違いなく乗れたら、それで大丈夫です。新幹線の最高速度が何km/hか知らなくても、乗るべき「のぞみ」や「はやぶさ」の発車時刻さえ覚えていれば、問題ありません。

　けれど、そうして、まるで空気のように利用している鉄道に、ちょっとした興味がわくことはありませんか？　鉄道は、電気や水道と同じように社会の重要なインフラですが、やはり「カッコいい」「すごい」と大人心に感じることもあるでしょう。

　そこで、鉄道に関する皆さんの素朴な疑問に答え、「最新の鉄道はどうなっているのか？」をお伝えするべく、特に興味深い50の項目にまとめ、できるだけ平易に解説したのが本書です。

　日本は世界でも屈指の「鉄道大国」で、その点で世界をリードしています。狭い場所に多くの人口が密集する地域性が、大量輸送を得意とする鉄道に向いており、技術を発展させてきました。

　鉄道史上はじめて、200km/hを超える速度での営業運転を実現させたのは、日本の東海道新幹線です。開業は1964年10月（私が生まれる約9か月前）、当時は飛行機や自家用車の発達が華々しく、鉄道は「斜陽産業」と陰口を

たたかれていました。その中、新幹線の成功は「高速列車を一定間隔かつ高頻度で運転すれば、鉄道にも未来がある」と、世界各国の鉄道を目覚めさせたといわれています。

　また、長大な編成の通勤電車を1時間に何十本も走らせて、押し寄せる通勤通学客を整然と輸送する日本の風景は、欧米諸国から「まったく信じられない」という目で見られているようです。日本の鉄道は、世界に誇るべき存在なのです。

　鉄道の取材、鉄道雑誌・書籍の執筆を続けていると、私はこの国の鉄道のすばらしさを、いつも思い知らされます。子供の頃、父が仕事で出張がちで、いつも家に時刻表があったこと。母方は鉄道職員が多い「鉄道一家」で、鉄道に親しむ機会が多かったことなどから、私は鉄道好きになり、今は鉄道にかかわることを仕事にしています。日本の鉄道の深い部分を知ることができて、幸せだと思っています。皆さんにも、ぜひ知っていただきたいのです。

　鉄道の基礎知識を広くお伝えすることは、私のライフワークの1つでもあります。それゆえに、この本の企画を立ち上げていただいた益田賢治氏、および編集を引き継ぎ、根気よくおつき合いいただいた田上理香子氏（中学・高校の後輩だとわかったときは驚きましたが）には、深く感謝いたします。

2016年7月28日　51歳の誕生日に
土屋武之

CONTENTS

はじめに 3

序章　日本の鉄道は進化した 9
00　列車1本で1000人以上を楽に運べる！ 10

第1章　知っているようで知らない
　　　　鉄道の基本 15
01　日本の鉄道は右側通行？ 左側通行？ 16
02　機関車で引っ張る列車が少ない理由 20
03　鉄道の動力は3種類しかない 24

第2章　知ってうれしい
　　　　新幹線の最先端 27
04　最速の新幹線は、
　　余裕で300km/hを超える 28
05　北海道にも広がった新幹線、これで完成？ 30
06　「超電導リニア」は
　　停車時に浮いて「いない」 32
07　新幹線の車体、実はステンレス製じゃない 36
08　新しい窓は、ハンマーを使っても割れず 40
09　今の新幹線は、驚くほど静かになった 42

第3章　快適な通勤や旅を
　　　　実現する工夫 45
10　カーブを速く走り抜ける技術に迫る 46
11　超電導リニア以外に、浮いて走る鉄道は？ 50
12　自動運転、無人運転はどこまで進化した？ 52
13　ステンレスカーは「丈夫」なだけじゃない 56
14　最新電車が、1日に1両ずつ
　　造られている？ 60

- 15 「電車の全面広告＝ラッピング」が増殖中 64
- 16 駅や列車の案内表示、
  どんどんカラフルに？ 68
- 17 通勤電車の座席は、広く「硬く」改良 72
- 18 つり手や荷物棚が前より低くなった？ 76
- 19 「弱冷房車」はお好き？ 改良される空調 80
- 20 快適な乗り心地のカギは「台車」 82
- 21 鉄道の安全を守る基本「閉塞区間（へいそく）」 86
- 22 鉄道の信号は「赤→黄→青」の順に変わる 90
- 23 万一、赤信号を通り過ぎてしまったら 94
- 24 もし、制限速度をオーバーしたら… 96
- 25 なぜ、トンネルの壁にぶつからないの？ 100
- 26 衝撃をやわらげる「クラッシャブルゾーン」 104
- 27 地味にすごいホームドア、設置の苦労とは 108
- 28 もし、列車内で火災が起こったら？ 112
- 29 鉄道車両の定期検査は、いつ、どこで？ 114
- 30 苦労だらけのメンテナンスも徐々に効率化 118
- 31 何かと話題の「ドクターイエロー」って？ 120
- コラム 特急型電車の座席はこう進歩してきた 124

SB Creative

CONTENTS

第4章 まだある! 誰かに話したくなる 鉄道知識 ... 125

- 32 改札のICカード、「非接触型」で「タッチ」!? ... 126
- 33 列車は最短、何分間隔で走れるもの? ... 130
- 34 開かずの踏切、どうにかならないの? ... 134
- 35 線路の小さな石が騒音吸収に大活躍! ... 136
- 36 走行中、途切れずネットに接続する不思議 ... 138
- 37 単なるパネルではない「車内情報案内装置」 ... 140
- 38 寒さや雪とたたかう北海道の鉄道車両 ... 144
- 39 夜行列車はどうして少なくなった? ... 146
- 40 あの長い貨物列車は何を運んでいる? ... 150
- 41 最新式のトイレに関するあれこれ ... 154
- 42 優先座席付近でも携帯電話OKに? ... 156
- 43 「LRT=新しめの路面電車」ではない? ... 158
- 44 蓄電池で走る電車が「革命」を呼ぶ? ... 162
- 45 観光列車でも話題の「水戸岡デザイン」 ... 164
- 46 走行時の電力が半減!? 最新省エネ事情 ... 166
- 47 もう1つの省エネの切り札「回生ブレーキ」 ... 170
- 48 運転士はどうやって電車をあやつる? ... 174
- 49 「使い捨て電車」という勘違い ... 176
- 50 これからの通勤電車はどうなる? ... 180

おわりに ... 182
参考文献など ... 184
索引 ... 185

序章
日本の鉄道は進化した

写真提供：AFP＝時事

00
列車1本で1000人以上を楽に運べる!

　朝夕の通勤電車、出張や旅行で乗る新幹線。鉄道網なしでは、日本経済はここまで発展しなかったでしょう。大都会を縦横に走り回り、数分おきに到着する電車も、1日数本しか来ないローカル線のディーゼルカーも、同じ鉄道の仲間です。
　いったい、どれぐらいの人を運んでいるのか? というところから、鉄道の奥深い世界をご案内します。

列車1本で1300人あまりを運べる東海道・山陽新幹線のN700系16両編成。大きな輸送力を持っていることが、鉄道の特長の1つです。

● **通勤電車の1両の定員は約150人**

　鉄道の大きな特長に、何両もの車両を連結して、1人の運転士だけで動かせることがあります。そのため、大変効率的な輸送が可能です。では、鉄道車両1両あたり、列車1本あたり、どれぐらいの人を運ぶことができるのでしょうか？

　首都圏の通勤電車では、毎朝「ぎゅうぎゅうづめ」の混雑が続いています。ラッシュが激しい路線だと、「乗車率が200％を超えている」などと伝えられることも。これは、車両の定員に対して、2倍（200％）もの人が1両に乗っていることを表しています。

　日本の鉄道車両の定員は、ロングシート（p.72参照）の通勤型電車の場合、「座席の数＋（床面積÷1人あたり0.3m^2）」を基準として算定されています。1両の長さが20mの標準的な車両では、約150人です。この定員ちょうどの人が乗っている状態が、乗車率100％。これだと、おおむね全員が座れ、立っている人も、つり手（つり革）、手すりを握ることができます。ラッシュ時ならば、かなり「楽」な車内といえましょう。

　それでも10両編成の列車で約1500人、東海道本線や横須賀線など15両編成の列車では、約2000人が乗車できます。ましてや乗車率200％ともなると、その倍。小さな村なら全員まとめて1本で運べてしまいます。さらに、そんな列車が平日朝のピーク時には2、3分ごとに走っているのです。

　また、特急型電車など座って乗ることが前提の車両は、座席の数がそのまま定員になります。新幹線電車（新幹線の車両のこと）だと1両80〜100人です。列車1本あたりだと、上越新幹線を走っているE4系が、8両編成で817人、2本連結すると1634人を一度に運べます。これは世界の高速鉄道用車両の中では最多です。

序章　日本の鉄道は進化した

上野東京ラインを走る15両編成のJR東日本・E233系。定員だけで2000人を数えますが、通勤ラッシュ時にはそれをはるかに超える利用者が乗っていることも。

上越新幹線で運用されている「オール2階建て新幹線」E4系。新幹線通勤に対応するための電車で、定員は1600人を超えます。200km/h以上で走る電車では世界最多の人数です。

東急東横線を走る5050系4000番代。首都圏の通勤型電車は、10両編成を組むものが多くあり、巨大な通勤通学客の需要に対応しています。

●大きな輸送力は鉄道ならでは

東京の標準的な通勤路線では、1両20mの電車が10両、つながって走っています。乗車率200％で1本約3000人。2分30秒間隔の運転で1時間24本。つまり、約7万2000人もの輸送力があります。いいかえれば、それだけの人が一度に移動しています。

一方、東海道・山陽新幹線の標準型車両N700系は16両編成で1323人を運べます。現在では1時間あたり「のぞみ」10本、「ひかり」2本、「こだま」2本の運転が可能になっていますから、最大で約1万8000人あまりが200km/h以上で移動できます。

国土交通省の統計によると、2016年3月には日本の鉄道は約20億820万人、1日あたり約6478万人もの人を運んでいます。国民1人あたり月16回は鉄道に乗っている計算です。それだけの人を安全に運べるのは、鉄道というシステムなればこそなのです。

第1章
知っているようで知らない鉄道の基本

01
日本の鉄道は右側通行？ 左側通行？

　毎日、電車に乗っていても、鉄道の「常識」は意外に知らないもの。小学生でも「車は左、人は右」とわかっているけれど、「じゃあ、鉄道は？」と聞かれると、戸惑うのではないでしょうか。
　正解は左側通行。日頃、利用している駅を思い浮かべてみてください。

日本の鉄道は左側通行が基本。これはJRも私鉄も、新幹線も在来線も同じです。写真は南海の空港連絡特急50000系「ラピート」で、やはり左側の線路を走っています

●左側通行、左側運転台が基準

　日本の鉄道は、基本的に左側通行です。明治維新後、政府が鉄道を敷設するときに、左側通行の国であるイギリスから技術を導入したことが、きっかけであるといわれています。もし、右側通行の国、例えばフランスなどから鉄道技術を導入していたら、どうなっていたかは、歴史の「if」です。

　新橋〜横浜間の開業以来、約150年。左側通行の原則は守られ続けています。これはJRも私鉄も関係なく、全国の鉄道に共通しています。

　単線区間であっても、列車のすれ違いができる駅では、左側通行になっています。ただし、通過する列車がスピードを落とさず通り抜けられるよう、あるいは、駅の改札口に近い方のホームで乗降できるよう、右側通行に改めた駅もかなりの数、存在します。これらはあくまで「例外」です。

　鉄道の線路や施設は一度できてしまうと、その規模が大きいだけに、なかなか造り直すことができません。左なら左といちばん最初に決まってしまえば、右側通行に変える理由はありません。

　では、列車の運転台はどちら側にあるでしょうか？

　自動車ならば、左側通行に合わせて国産車は右側に運転台があるのが普通です。けれど、鉄道車両の運転台は基本的に左側にあります。新幹線電車などでは、真ん中に運転士の席がありそうですが、やはり左側にずれています。

　これは、前に大きなボイラーがある蒸気機関車の運転台から、線路の左側にある信号機を確認しやすいよう、左側にしたことが、その始まりといわれています。現代の電車では左でも右でも前はよく見えますが、運転士の慣れもありますし、これもまた、最初に決まったことを変える理由はないということです。

第1章 知っているようで知らない鉄道の基本

やはり左側の線路を走っている新幹線N700系。新幹線電車の運転台も、中央ではなく、少し左側にずれているのが基本です。

単線区間でも左側通行ですれ違うのが基本。写真は日高本線ですが、向かって右側の列車が前照灯をつけて手前へ進んでおり、左側の列車が尾灯をつけて奥へと進んでいます。

02
機関車で引っ張る列車が少ない理由

　通勤電車でも新幹線でも、走らせるための動力はどこにあるのでしょうか？　どちらにも電気で回るモーターが、お客さんも乗っている車両の床下、車輪の部分に取りつけられています。

　しかし貨物列車では、先頭に連結された機関車だけが動力を持っています。かつてはブルートレインなど、人を乗せる列車でもそうした方式が多くありました。いったい、その違いは？

急速に姿を消している、日本の機関車牽引旅客列車。写真の「カシオペア」も定期運行は廃止になり、現在はクルージングトレインとして運行されています。

●動力分散方式と動力集中方式

　各車両が(必ずしもすべての車両ではありませんが)、モーター、エンジンなどの動力を持っている方式を「動力分散方式」といいます。これに対し、機関車だけが動力を持っていて、人を乗せる客車や貨物を乗せる貨車を引っ張る、あるいは押す方式を「動力集中方式」といいます。

　日本の鉄道、特に旅客列車では「電車」、つまり完全に動力分散方式の車両が主力です。機関車を先頭につけかえる必要がなく、短時間で折り返しができ、ひんぱんに列車が運転される日本の実状に適していること。機関車の分、定員を減らさずに済むことなどが、おもな理由とされています。

　また、別な視点からいうと、日本は地盤が弱く、重くなりがちな機関車では高速がなかなか出せないことも、動力分散方式が主となった要因としてあげられます。

今では日本全国どこでも、どの鉄道会社でも電車が当たり前。機動力において、機関車牽引列車より大きなアドバンテージがあるからです。写真は、JR西日本227系。

第1章 知っているようで知らない鉄道の基本

非電化区間ではディーゼルカー（気動車）が活躍しています。各車にエンジンを積んでおり、需要に合わせて自由な編成が組めるということでは電車以上です。写真は、JR北海道キハ40系。

動力のある場所で分ける2タイプ

動力分散方式
- 蒸気動車
- 気動車（DC） ※ディーゼルカーとも呼ぶ
- 電車（EC）

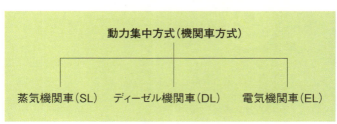

動力集中方式（機関車方式）
- 蒸気機関車（SL）
- ディーゼル機関車（DL）
- 電気機関車（EL）

03
鉄道の動力は3種類しかない

　電車は文字通り電気で走ります。ディーゼルカーは、ディーゼルエンジンですから、軽油が燃料。そして蒸気機関車は、もちろん石炭などを燃やして蒸気を作って走ります。

　実は、鉄道の動力は、おもにこの3つだけなのです。

鉄道の草創期から使われてきた蒸気機関車も、今では保存運転でしか見ることができなくなりました。写真は、JR西日本C57形「やまぐち号」。

非電化区間の主役は軽油を燃料とするディーゼルカー、ディーゼル機関車です。主要幹線では写真の「カシオペア」のような特急列車でも活躍していました。

●動力源を自ら持つか持たないか

　人間が使う動力はさまざまで、ガスタービンなど鉄道への応用が試みられたものもあります。しかし結局のところ、鉄道に必要な大きなパワーを効率的に生み出せるものとして、石炭を燃やして動く蒸気機関、軽油を燃やして動くディーゼル機関、そして電気で動くモーター（電動機）のみが残ったといってよいでしょう。石炭や軽油は車両に搭載され、ときに補給が必要ですが、電気は外から供給できるというメリットを持っています。

　それぞれ、動力分散方式と動力集中方式の車両があります（p.22参照）。ただ、動力分散方式の蒸気機関、つまり1車両に運転室、機関室、客室があるような蒸気動車だけはほとんど普及しませんでした。また、やはり効率が悪くパワーに欠ける蒸気機関車も、一時期広く愛用されたものの、ほぼ全面的に引退へと追いやられています。この2種以外の車両は、今も世界中で使われています。

電気を動力とするのが電車、電気機関車。燃料を積んで走らなくてもよく、パワーも蒸気機関やディーゼルエンジンより大きいのが特長です。写真は、北越急行HK100形。

第2章
知ってうれしい新幹線の最先端

04
最速の新幹線は、余裕で300km/hを超える

　1964年に東海道新幹線が開業したとき、最高速度210km/hでの営業運転は世界を驚かせました。その後、さらなるスピードアップが計画され、山陽新幹線や東北新幹線などは、最高速度260km/hを前提に線路が設計、建設されています。

　車両側の技術はもっと進歩し、現在、いちばん速い新幹線は東北新幹線を走る「はやぶさ・こまち」です。その最高速度は320km/hにも達します。

　現代へとつながる新幹線の高速化は、1992年に運転を開始した、300系「のぞみ」に始まるといってよいでしょう。この電車は、東海道新幹線において270km/h運転を実施し、東京〜新大阪間を2時間30分で結びました。さらに1997年には、新大阪〜博多間の「のぞみ」で500系がデビュー。日本の鉄道ではじめて300km/h運転を実現させました。この速度はN700系の「のぞみ」「みずほ」に引き継がれています。

　一方、上越新幹線では、1990年から「あさひ」の一部列車で275km/h運転を実施していましたが、あまり話題にはなりませんでした。現在では、240km/h運転に戻されています。東北新幹線では、1997年のE2系登場により、最高速度が275km/hに引き上げられています。

　これを300km/hへとアップしたのが、新青森への延伸を受けて2011年より「はやぶさ」として運転を開始した、E5系です。320km/hへの引き上げは、2013年3月16日のダイヤ改正からで、翌年には「はやぶさ」と併結する（連結して走る）E6系「こまち」も同じ最高速度となりました。

第2章 知ってうれしい新幹線の最先端

「日本最速」を誇る、E5系+E6系のコンビ。320km/h運転は2013年から「はやぶさ+こまち」の宇都宮~盛岡間で実施されています。

N700系は山陽新幹線内で300km/h運転を実施。大台の壁を打ち破った500系を受け継ぎました。東海道新幹線内の最高速度も285km/hまで向上しています。

05
北海道にも広がった新幹線、これで完成?

　2016年3月26日、北海道新幹線新青森〜新函館北斗間が開業し、いよいよ北海道にも新幹線の電車が走るようになりました。2015年の北陸新幹線長野〜金沢間の開業も、まだ記憶に新しいところです。

　では、これ以降、新しい新幹線の開業はあるのでしょうか?

　現在、建設中のものとしては、まず九州新幹線長崎ルート(長崎新幹線とも呼ばれるルート)があります。区間は武雄温泉〜長崎間。博多〜新鳥栖間は九州新幹線鹿児島ルートで開業済み、新鳥栖〜武雄温泉間は在来線を経由する計画です。線路間の幅(軌間)の違いは、軌間可変電車(フリーゲージトレイン)を投入して

全国の新幹線路線図

克服し、直通運転を行うこととなっていました。けれども、開発が遅れ、2022年度が目標とされている開業には間に合いません。そこで、武雄温泉における在来線特急と新幹線との乗り継ぎによる「リレー方式」で暫定的に運行されることになりました。

一方、北海道新幹線の新函館北斗〜札幌間は2012年に着工、2030年度末の完成を目指しています。札幌駅の新幹線ホームの位置が未確定であるなど、こちらも紆余曲折が予想されます。

北陸新幹線の金沢〜敦賀間も、2012年に着工されました。完成目標は2022年度です。こちらもフリーゲージトレインを投入し、在来線を経由して大阪と北陸方面を結ぶ構想でしたが、同様に目途が立たなくなりました。そこで敦賀〜大阪間も、敦賀までの区間と同様の新幹線の規格（フル規格）で建設し、直通運転を行う方針となりました。

2016年3月26日、新函館北斗発の一番列車「はやぶさ10号」の出発シーン。いよいよ新幹線電車が北海道を走る時代が訪れました。

06
「超電導リニア」は停車時に浮いて「いない」

　単に「リニアモーターカー」といえば、国鉄が長年、開発を続けてきた超高速鉄道を思い浮かべる人も多いでしょう。これは国鉄の分割民営化後、JR東海へと受け継がれ、現在は山梨県内にある実験線でテストが進められています。実際に営業運転を行う路線も「中央リニア新幹線」として起工されました。これは、2027年の品川〜名古屋間開業を目指しています。

　もう少し詳しくいうと、国鉄やJR東海が研究してきたものは「超電導リニア」と呼ばれ、超電導電磁石による磁力を利用して浮上、走行するものです。これもリニアモーターを利用していることに違いはありませんが、鉄のレールと車輪による摩擦から脱し、浮いて走ることによって、従来の鉄道では考えられなかった速度で走行できます。その点が現在、各地の地下鉄などに採用されている、「(鉄輪式の)リニアモーターカー」(p.50参照)とは大きく違います。

　超電導リニアは1972年から

研究開発が始まり、1977年には無人実験車両「ML500」が、鉄道による世界最高速度(当時)517km/hを記録しました。前述の山梨実験線は、1996年から使用されています。

　今の実験用車両「L0系」は営業用列車の試作という意味合いを持つ車両で、全部で14両が製造されることになっています。最長12両編成で試験が行われる計画で、いよいよ夢の実現が見えてきたといったところでしょうか。このL0系は2015年4月21日の走行試験にて、これも鉄道による世界最高速度、603km/hを記録しました。

山梨県内の実験線で、各種試験が行われているL0系。「超電導リニア」はいよいよ実用化が見えてきましたが、そのしくみは意外に知られていません。

●どうやって浮き、走り、止まるの?

さて、超電導リニアはどうやって浮き、走るのでしょうか?

まず浮上については、基本的に磁石のN極とN極、S極とS極が反発し合う力を利用しています。これ自体は小学校の理科で習う現象です。ただし超電導リニアの場合は、非常に低い温度条件のもとで特定の金属などに一度、電流をながすと、電気抵抗がゼロとなって電流がながれ続ける「超電導」を電磁石に応用しており、非常に強力で安定した磁力、そして浮上力、推進力を得ることができるのです。

また、車両が走るときも、この超電導電磁石のN極とS極が引き合う力、N極同士・S極同士が反発し合う力を利用します。

超電導リニアが走る「線路」はコンクリート製で、断面がU字形をしています。その内側には、側壁にそって、びっしりとコイルが取りつけられているのです。これが推進コイルです。また、車両側には超電導電磁石が取りつけられています。車両側の磁石が、インバータにより切りかえられる線路側の磁石のN極・S極と、連続的に反発したり引き合ったりすることによって、列車が前へ進むのです。

つまり超電導リニアにおいては、列車に乗り込んだ運転士ではなく、線路側から列車の速度を上げたり、ブレーキをかけたりします。無人運転なのです。車両基地での入換などでバックすることも、線路側からの制御で行えます。

なお、列車が停車しているときは浮いておらず、ゴムタイヤの補助車輪によって車体が支えられています。発車し、加速していくにつれて車体が浮き上がり、車輪も線路面から離れ、完全に浮いた状態になります。停車するときは、この反対で、一定速度以下になると、ゴムタイヤが線路面につきます。

どうやって浮上するの？

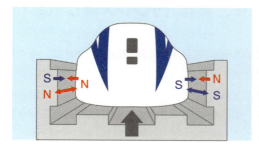

超電導リニアが浮上する動力には、車体側の超電導磁石を使用します。これが高速で移動すると、線路側のコイルに電流がながれて電磁石となり、反発・吸引力によって浮上します。

どうやって前に進むの？

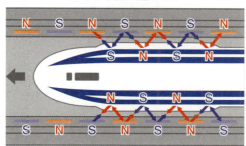

線路側の推進コイルに電流をながすと、磁界（N極・S極）が発生し、車両の超電導磁石との間で、N極とS極が引き合う力と、同じ極同士が反発する力が発生。列車が前進します。

どうして壁にぶつからないの？

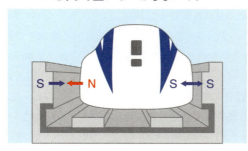

左右のコイルは電線によって結ばれています。そのため片側がN極、片側がS極になっている車体の超電導磁石と反発・吸引力が生まれ、列車は常に中央に保たれるのです。

07
新幹線の車体、実はステンレス製じゃない

　首都圏を走り回る通勤電車、特にJR東日本の電車は、今やほとんどが銀色のステンレス製車体になっています（p.56参照）。一方、新幹線電車で塗装をしていないものはありません。上越新幹線を走っていた、鋼鉄製のE1系2階建て新幹線電車が2012年限りで引退したあとは、国内すべての新幹線電車の車体はアルミニウムでできています。

　アルミニウム（正確にはアルミニウムを主体とする合金）はステンレスと並び、現代の鉄道車両の車体用素材として双璧をなしています。かつての主流だった鋼鉄製車体の鉄道車両は、今ではかなり数を減らしました。

　ステンレスは家庭用のながし台などでおなじみの素材で、その高い耐久性が、風雨にさらされて走る鉄道車両に適しており、塗装もいらないため広まりました。かつては「重くなる」という欠点がありましたが、これも設計の改良により克服されました。けれどさすがに、金属の中でも軽いことで知られるアルミニウムほどではありません。

　超高速運転が求められる新幹線においては、より少ないエネルギー量で走るため、少しでも車両を軽くすることが必須条件です。それゆえに、アルミニウムで車体を造ることが、なかば常識となっています。

　最初の新幹線電車0系は鋼鉄製でした。はじめてアルミニウムを車体に採用した新幹線電車は、1982年にデビューした東北・上越新幹線用200系です。その後、スピードアップを目指した300系やE2系などに採り入れられ、普及しています。

第2章 知ってうれしい新幹線の最先端

アルミニウム製車体の新幹線電車は東北・上越新幹線の200系から始まりました。その後、写真のようにリニューアル改造も受けて、2013年まで活躍していました。

屋根部分

角の部分は
力がかかるため
丈夫な構造とする

客室床

台枠も同じ構造で
機器取りつけ用レールが加わる

ダブルスキン構造

ダブルスキン構造の横断面図。外板と一体に造られた三角形のトラス構造（段ボールと同じような構造）で、強度を保ちます。既存のアルミニウム製車体より若干、重くなりますが、部品点数が少なくなり、製造工程が大幅に省略されました。

37

●今どきのアルミニウム車両は押し出して造る

 ところてんを作るときに使う「天突き」をご想像ください。かたまりのところてんを中に入れ、ギュッと押すと、細長い形になって出てくるという、あれです。

 最新式のアルミニウム製車体の造り方も、ところてんと同じといえばよいのでしょうか。

 従来の鉄道車両はアルミニウム製車両も含め、骨組みをまず組み立て、そこへ板を張っていくという造り方をしていました。これに対して、車両の全長、20〜25mにもおよぶ大型部品を「押出成形」という方法で造ってしまい、それをいくつか溶接して組み立てれば完成、というやり方が現れました。

 この押出成形の理屈が、ところてんと同じなのです。つまり、熱した金属(例えばアルミニウム)を、造りたい形の穴(金型(かながた))だけが開いている容器に入れ、高圧をかけて穴から押し出すことで、一気に望む形を造るという方法です。

 この方式の利点は、部品を自由な形に造れること。そして、理論上はいくらでも長い部品を造れること。これらは、鉄道車両にぴったりです。この押出成形で造られる車体用部品は、近年、「ダブルスキン構造」(p.37参照)を採用しています。骨組みと内・外の板を一体化した構造で、その名の通り、2枚の皮の間に波状の補強材が入っているような形です。段ボールの断面の形とほぼ同じで、非常に簡単かつ強固な構造といえます。押出成形なら、部品を組み合わせてではなく、一体的にそれを造れます。

 また、この構造は製造コストを低く抑えることができるのが、大きな特長です。また柱が不要であるため室内空間を広く取れることや、2枚の壁の間に防音材を入れれば客室の騒音防止にも大きな効果があるといった長所があります。

新幹線以外にも、伝統を重視する電車で採用

　ステンレス製の電車には利点が多くて広まっているのですが(p.56参照)、塗装をしないのが基本です。そのため、「銀色の電車は好まない…」というポリシーを貫いて使わない会社も、関西を中心にいくつかあります。伝統を重視しているといえましょうか。典型は阪急電鉄です。こうした会社は、好んでアルミニウム製の電車を導入しています。

　アルミニウム製車体が開発された当初は、素材の色をいかし、無塗装の銀色のままにした電車がいくつか現れました。今でも首都圏に「基本的に無塗装のアルミニウム車両」はありますが、新幹線を中心に「塗装したアルミニウム車両」が増えたのです。

　また、自由に形が造れるということは、車両のデザインにも幅ができるということ。地域のアイデンティティーとして、無機質になりすぎない潤いを、アルミニウム製の電車は与えています。

最近デビューした「銀色ではない」電車は、ほぼすべてがアルミニウム製。押し出しによって一気に部品を造る製造方法が普及しています(写真は、阪急2代目1000系)。

08
新しい窓は、ハンマーを使っても割れず

　多くの人を乗せて走るだけに、もし鉄道車両の窓が割れて飛び散るようなことがあると大変です。東海道新幹線の開業当初、冬になると窓ガラスが割れる事故がひんぱんに起き、「雪に弱い新幹線」と陰口をたたかれました。原因は、関ヶ原で床下に凍りついて石のようになった硬い雪が、暖かい地域に入ると溶けて落ち、バラスト（レールの下の敷石）を跳ね飛ばすことでした。対策として、窓が小さくされたほどの問題だったのです。

　乗客のケガを防ぐため、窓ガラスにも工夫が施されています。もとより丈夫な、割れてひびが入っても飛び散りにくいガラスが採用されていますが、新幹線電車など「開かない窓」の場合は、ガラスを二重にするのが一般的です。こうすれば、内側のガラスまで被害がおよびません。2枚のガラスの間には乾燥させた空気を密閉し、窓がくもらないようにしています。

　一方で最近、ガラスにかわる素材として採用例が増えているのが「ポリカーボネート」。プラスチックの一種で透明度が高く、かつ非常に衝撃に強い素材です。値段が安いという特長もあります。丈夫なので防弾ガラスがわりや、戦闘機のキャノピー（操縦席覆い）などにも使われているくらいですが、東海道・山陽新幹線のN700系の窓（p.41の左下図）、雪害がある北海道を走る車両の窓（p.41の前述以外いずれか）にも取りつけられ、効果を発揮しています。

　国鉄の寝台車には万一のとき、ガラス窓をたたき割って脱出できるよう、ハンマーが車内に備えつけられていました。しかし、ポリカーボネートは、人間の力で割れるような代物ではありません。そのため、今の新幹線の車内にはハンマーはないのです。

第2章　知ってうれしい新幹線の最先端

4種類の新しいガラス構造

北海道では、強化ガラスとポリカーボネートを組み合わせた窓が採用されることがあります。ポリカーボネートはプラスチックの一種。透明で衝撃に強く、安価です。

北海道では左記のタイプ以外に、複層ガラス（2枚のガラスの間に乾燥した空気を入れて密封したもの）とポリカーボネートを組み合わせた窓を採用していることもあります。

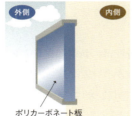

N700系では、客室窓にポリカーボネートの1枚板を採用。ガラスと組み合わせたタイプと比べ、耐久性を保ちつつも、約30％もの軽量化を達成しています。

通常の強化ガラスだけの窓に、あとからポリカーボネート板を加えるケースもあります。客室の窓の周囲が少し、ごつい感じになっているので、見慣れるとすぐにわかります。

新幹線電車以外にも、北海道を走る鉄道車両には、耐久性などでガラスにまさるポリカーボネート製の窓が広く普及しています。客室窓の周りが少し出っ張っているのは、右上の図のように、あとから覆うようにつけたからです。

41

09
今の新幹線は、驚くほど静かになった

　日本の新幹線は、住宅が密集している地帯も超高速で走っています。その点が、牧場や畑の中を走ることが多いヨーロッパの高速鉄道とは違うところです。

　それゆえ新幹線の車両を設計する上では、騒音対策が非常に重要な要素となっています。

　0系新幹線電車では、空気抵抗を少なくするため流線形の前面形状が採用されましたが、正直なところ騒音対策までは考えが回っていませんでした。のちには沿線住民との間で、いわゆる「騒音訴訟」も起こっています。

　国鉄と、発足した当初からのJR各社は、新幹線電車から発生する騒音について研究を重ね、いくつかの対策を打ち出しました。新幹線が出す音は、その大半が、簡単にいえば「空気を切り裂く音」でした。200km/h以上で走ると、パンタグラフなどの突起部分に当たって空気のながれが乱され、大きな音が発生することがわかったのです。

　まず、車体外部を徹底的に平らにすることに意がそそがれました。前面のスカート部分まで一体とし、床下の機器類をカバーで覆った300系のなめらかなデザインはこうして生まれました。

　いちばん大きな突起であるパンタグラフは、まず数を減らすことが、「2階建て新幹線」100系や東北・上越新幹線用の200系で行われ、現在まで引き継がれています。パンタグラフそのものも空気のながれを乱さない形が工夫され、既存車でも、両側面に防音板を設置するなどの改造が行われています。「フクロウの羽根にならった」といわれた500系のそれが有名です。

第2章　知ってうれしい新幹線の最先端

E2系新幹線電車のパンタグラフ。風を切る音が大きな騒音となっていたことがわかり、その後の新幹線のパンタグラフは形がさまざまに工夫され、数自体も減らされました。

● 新幹線電車の顔を決めた「トンネル微気圧波」

　一方、長いトンネルが多い山陽新幹線では、トンネルに列車が入ると、反対側の出口から「ドン！」という大きな音が発生することが問題になっていました。トンネル微気圧波と呼ばれ、要は紙玉鉄砲と同じしくみ。新幹線電車が急激にトンネル内の空気を押し込んで圧縮するため、空気のかたまりが勢いよく出口から押し出されてしまう音でした。

　微気圧波を防ぐためには、車体にそって、空気を後方へ滑らかにながすようトンネルに入ればよいことが、研究の結果、わかりました。対応としては、電車の前頭部の「断面積の変化を一定の割合にするのが最適」という結論になり、「顔」の形が工夫されるようになったのです。

　300系ではまだ、それほど特異な形にはなりませんでしたが、そ

防音壁に囲まれた線路を走る北陸新幹線。新幹線に限らず、最近の鉄道では騒音対策が進み、以前と比べると線路ぞいの「うるささ」はかなり軽減されました。

のあとは、500系や700系、あるはE2系、E4系と新しい新幹線電車が登場するたびに、そのスタイルは注目を集めることになりました。500系の15mにもおよぶ長大な前頭部も、やはり微気圧波対策から生まれたものです。

ただ、前頭部を長くすればするほど客室面積、ひいては定員が減ることになります。大きな輸送力が求められる東海道・山陽新幹線では、N700系を設計する際、この点が課題となり、長さ10.7mの独特な形状が採用されました。

東北・北海道新幹線のE5系・H5系も、320km/h運転を実施する上で、やはり微気圧波対策から15mもの長い「鼻」を採用。下り先頭となる10号車は、狭くなった客室を逆手に取るような形で、最上級クラスとして設定された「グランクラス」に割り振り、落ちついた空間作りを行いました。

第3章
快適な通勤や旅を実現する工夫

10
カーブを速く走り抜ける技術に迫る

　例えば、人間が陸上のトラックを走るとき、カーブでは身体を内側に傾けます。そうしないと、遠心力で外側へ引っ張られ、スムーズに通過できません。

　列車も同じで、カーブでは最初から線路自体を少し内側に傾けてあり、遠心力を軽減するようになっています。しかし、列車の性能が向上し、最高速度が速くなればなるほど、カーブではよりスピードを落として通り抜けなければなりません。新幹線では超高速運転に対応するため、線路の設計段階から曲線の半径を大きく、ゆるくしてあります。これらはなにも、転覆する危険があることが理由ではありません。中に乗っている人が遠心力を感じ、乗り心地が極端に悪くなるからです。

　しかし日本の在来線にはカーブが多く、いちいち速度を落としていてはスピードアップの妨げにもなります。そこで開発されたのが、「振り子式車両」でした。

　これにはいくつかの方式があります。1973年登場の国鉄381系で導入されたのは、自然振り子式。車体と台車の間に「コロ」を入れ、カーブでは自然に車体がより内側に傾いて、遠心力を相殺するしくみになっています。この方式を採用した鉄道車両は、381系が世界ではじめてでした。

　しかし、カーブに入るタイミングと車体が傾くタイミングが合わず、かえって乗り心地が悪く感じる人もあるという欠点がありました。そこで、少しずつ車体を傾けるよう制御する装置をつけた「制御つき自然振り子式」が、改良版として開発されています。これは、JR四国の2000系ではじめて国内で実用化されました。

スピードアップを実現した振り子式車両のメカニズム

普通車両　　　　　振り子式車両

世界初の自然振り子式電車381系。現在も岡山〜出雲市間の特急「やくも」で活躍しています。カーブを通過するときに、内側へ車体が傾いているようすが写真からもわかります。

●空気圧で車体を傾ける方式が広まる

　構造が特殊で複雑になりがちな振り子式に対し、より簡単なシステムで車体を傾ける方法として考案されたのが、台車の上で車体を支えている空気ばねの中の空気圧を、片側（外側）だけ高める方式です。これは傾斜角度1〜3度程度（自然振り子式だと5〜6度）ですが、安い製造コストでスピードアップが可能なため、現在はこちらが主流になっています。JRのみならず、名鉄や小田急電鉄も採用しました。

　新幹線電車で振り子式を採用した例はありませんが、こちらは広く採り入れられており、最新タイプのN700系、E5系などは、いずれもこのシステムを装備しています。最初に建設されたため曲線半径が小さい東海道新幹線における285km/h運転や、東北新幹線における320km/h運転は、この車体傾斜システムによって実現したものです。

構造が簡単で安く造れる、空気圧による車体傾斜システムを採用した、JR四国の8600系電車。この方式は新幹線、在来線を問わず、広まっています。

第3章 快適な通勤や旅を実現する工夫

空気圧で車体を傾ける、車体傾斜システム

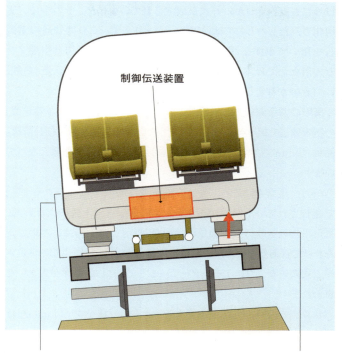

車体傾斜制御装置
速度センサーから受け取った情報やあらかじめ保存している線路データに基づき、車体を傾斜させます。

空気ばねの上昇
実際の動きとしては、列車が右に曲がるときは左側のばねが伸びて高くなります（左に曲がるときは右側のばねが伸びます）。

11
超電導リニア以外に、浮いて走る鉄道は?

　磁気浮上式鉄道は、国鉄～JR東海の超電導リニア（p.32参照）以外にも、いくつかの方式が研究されていました。その中で、実用化されたものとしては「HSST」があります。これは普通の電磁石を用いて車体を浮かせ、走行する方式です。当初は空港アクセス用として日本航空が開発を始め、のちに名古屋鉄道（名鉄）に引き継がれました。

　実際の営業路線として建設されたのが、2005年の「愛・地球博」の観客輸送を担うべく同年に開業した、愛知高速交通東部丘陵線。通称「Linimo」です。博覧会の閉幕後は、通勤通学路線となっています。

　一方、東京をはじめ、各地の地下鉄には「リニアモーターカー」で運行されている路線があります。東京都営地下鉄の大江戸線、大阪市営地下鉄の長堀鶴見緑地線などです。これらは、浮いて走るわけではありませんが、しばしば勘違いされます。国鉄が磁気浮上式鉄道を、リニアモーターカーとしてPRした影響が大きいと思われます。

　リニアモーターとは、そもそもモーターの一種です。「Linear」は「直線の、直線的な」という意味の英語で、通常タイプのモーターが円筒形で回転するのに対し、直線状をしており、水平に動くという特徴があります。身近なところでは、水平に刃が動く方式の電気カミソリなどにも使われています。

　地下鉄のリニアモーターカーは、単にリニアモーターを使って走る電車という意味でそう呼ばれているのです。ただ、磁気浮上式鉄道と同じく、勾配に強いといった特長があります。

第3章　快適な通勤や旅を実現する工夫

「HSST」の技術を用いて建設、開業した「Linimo」。正真正銘、国内初の浮いて走る鉄道で車両とレールは接していません。加減速性能や急勾配を登る性能にすぐれています。

写真の都営地下鉄大江戸線など、地下鉄にはリニアモーターで走るものがありますが、通常の鉄道と同じく、車体は鉄の車輪で支えられています。「鉄輪リニア」とも呼ばれます。

12
自動運転、無人運転はどこまで進化した？

「いずれ鉄道はすべて自動運転になる。運転士はいらなくなる」。東海道新幹線が開業した頃には、そんな未来物語が真剣に語られていました。新幹線には「列車自動制御装置」(ATC)が搭載されていると伝えられたためか、どうやらそんな話が広まったようにも思えます。

このATCは、自動で列車を運転するための装置ではなく、運転士を支援するための装置です。200km/h以上の超高速運転を行うと肉眼では信号を確認できないため、車内に「この速度までの範囲内で運転してよい」という信号を送るものです。指定された速度を超えると、ブレーキがかかります。機能的には、ATCの信号に従えば、運転士がブレーキを操作しなくても安全に停車することが可能ですが、通常は加速減速とも運転士が操作します。その方が、乗り心地などの面ですぐれているからです。

ATCからさらに進んで、完全な自動運転を目指した保安システムが「列車自動運転装置」(ATO)です。これは、踏切のない地下鉄を中心に、1960年代から研究が進められてきました。最初に実用化した鉄道は、1970年に開かれた日本万国博覧会の会場内を周回していたモノレールでした。

ATOは、1980年代からは各地の地下鉄に採用される例が増えてきました。ただ、いずれもワンマン運転ながらも運転士は乗務しており、前方の監視や非常時の対応などを行います。ATOはやはり運転士の支援という位置づけです。

これに対し、1981年開業の神戸新交通(ポートライナー)を始まりとし、ゆりかもめ(p.54参照)やニュートラムなどの新交通シス

第3章 快適な通勤や旅を実現する工夫

つくばエクスプレスはATOを導入している代表的な鉄道。最高速度130km/h運転が行われている重要な通勤路線ですが、運転士は乗務しています。

テムでは、完全無人運転が行われています。ATOをより前向きに採り入れた例といえるでしょう。

現在、無人運転が行われている路線は、車両基地への出入りのみ無人で行っている札幌市営地下鉄東西線を除いて、新交通システムがほとんどです。磁気浮上式鉄道Linimo（p.50参照）や、ディズニーリゾートラインのモノレールなどにも、運転士は乗っていません。けれども万一の故障などの際は、運転士が手動で運転できるようになっています。

これらで無人運転が採用された前提は、まず何より新設された路線であるから。全線立体交差で、自動運転では対応しづらい踏切事故などのおそれがないがゆえです。いずれも開業時に導入されており、車両も一斉に新製されているため、新しいシステムを搭載しやすいということもあります。

「無人運転」が行われている鉄道の代表格は、写真のゆりかもめなど、新交通システムです。ただし、非常時には運転士による運転も可能になっています。

●「ホームドア」との「連動」で普及

　無人運転ではなくても、ATOは現在、地下鉄など、やはり踏切が「ない」路線に普及しています。その中でも首都圏新都市鉄道(つくばエクスプレス)は、最高速度130km/h運転を実施しており、ATOを採用している路線の中では、ずば抜けた高速運転を行っています。

　最近、地下鉄各線に普及した最大の要因は、ホームドア(p.108参照)とのかかわりです。

　ホームドアは、列車が停止した場所が一定の範囲内におさまり、列車の扉ときっちり重なっていないと、安全のため開かないしくみになっています。そのため、手動での運転と比べて、より厳密に定められた位置に止まらなければなりません。それは、精密機械が得意とするところです。

ATOを利用した自動運転というと、新交通システムのような、輸送量が少ない路線でおもに導入されているイメージがまだありますが、2008年に開業した東京メトロ副都心線では10両編成の列車が自動運転を行っています。つくばエクスプレスは将来、160km/h運転を実施することを、もくろんでいます。

　緊急時の危険回避という意味では、とっさの判断ができる人間の運転士の方がすぐれていますが、ホームドアによって、ホームからの転落などの危険が大きく減り、安全性が高まった鉄道では、ATOはより積極的に採り入れられていくに違いありません。既存の路線にも、東京メトロ丸ノ内線のように、ホームドアとセットで取りつけられる例が増えています。夢のように語られていた自動運転ですが、運転士と機械とが、お互いの欠点を補い合う目的で、これからも普及していくことでしょう。

既存の地下鉄にもホームドアとセットにしてATOを導入する例が増えてきました。東京メトロ丸ノ内線などが代表で、大都市圏でもどんどんワンマン運転が広まっています。

13
ステンレスカーは「丈夫」なだけじゃない

　日本ではじめて、骨組みまでステンレスを用いた「オールステンレスカー」が登場したのは、1962年のこと。第1号は東急電鉄の7000系電車（初代）でした。

　この電車はアメリカのメーカーと東急系列の東急車輛製造（現・総合車両製作所）の技術協力から生まれたもの。塗装をしない金属の地肌そのものの外観は「銀色の電車」として、大きな話題となったそうです。東急7000系に続いては、南海6000系、京王3000系などが製造されました。

　ステンレスは鉄とクロムの合金で、さびにくいため非常に耐久性が高いことで知られています。そのため、常に雨風にさらされる鉄道車両には、もってこいの素材です。酸化を防ぐ塗装の必要がないため、メンテナンス費用も抑制でき、ほぼ半永久的に使えるという利点もあります。

　ただ、東急7000系がデビューした当初は、製造費用が鋼鉄製の車両より高く、重量がかさむという欠点がありました。そのため、さほど普及しませんでした。

　風向きが変わったのは、上述の東急車輛製造が、コンピューターによる荷重解析技術を駆使し、アルミニウム製の電車に迫る軽さを特徴として持つ「軽量ステンレスカー」を1978年に試作してからです。ステンレスカーの特長を保ったまま、車体の重量を軽くできるとあって、この構造の電車は、その後、またたく間に各社へと広まりました。特に、当時の国鉄がその利点を認め、その後、積極的にこれを採用したことが、大きなきっかけであったといわれています。

第3章 快適な通勤や旅を実現する工夫

現在の通勤電車の主役はステンレスカー。銀色の車体も、都会の街並みになじんでいます。日本を代表する通勤路線である京浜東北線や山手線もステンレスカーで占められています。

オールステンレスカーの元祖である東急7000系は、今も7700系に改造されて東急の路線に健在です。地方の中小私鉄へ譲渡された仲間もあり、丈夫な車体がいかされています。

●**軽量ステンレスカーが今や全盛**

　山手線に投入された205系電車が、国鉄初の軽量ステンレスカーでした。JR旅客各社もこれを受け継ぎ、より軽いことが求められる新幹線の車両を除いて、現在にいたるまで、ステンレス製の電車をおもに新製し続けています。

　軽くなったことに加えて、表面の仕上げ技術の進歩により、東急7000系の時代のように「ぎらつく」ことがなくなったことも、普及の手助けになったかもしれません。かつては「ステンレスの利点はわかっているが、ステンレスカーはまぶしすぎて嫌だ」と考えていた鉄道もありました。けれども、塗装をしなくても落ちついた銀色にできるようになり、むしろ銀色の方が沿線風景に似合うと、方針を変える会社が続出したのです。

　また、印刷した大きなシールを貼りつけるしくみの「ラッピング」（p.64参照）の技術が進歩したことも、大きな要因でした。ステンレスカーといえども、カラフルにできるようになったのです。ステンレスは加工しにくいという欠点もあり、そのため東急7000系などは角張った車体をしていましたが、これも今ではFRP（ガラス繊維強化プラスチック）などと組み合わせれば、前面を自由にデザインできます。

●**塗装しなくてよいという利点が、地方鉄道にも広まる**

　こうして、1990年代に入る頃からは軽量ステンレスカーが「常識」となり、各社がこぞって導入するようになりました。東急電鉄のように、全車両がステンレスカーという会社も現れ、車両工場から塗装を行う設備が次第に縮小、廃止されてゆくようになったのです。設備投資を減らせるという利点も注目されているのです。

　変わった例としては、1995年の阪神・淡路大震災で多くの電

富山地方鉄道へ譲渡された元東急8590系。2両編成に短縮された上、モハ17480形に改称されて、富山県内の通勤通学輸送に活躍しています。

車が破壊された阪神電鉄が、補充用車両を製造する際、「車両メーカーの軽量ステンレスカーの製造ラインならすいており、早く造れる」という理由で、ステンレスカーの本格導入に踏み切った(試作的な車両はそれ以前にあった)こともありました。

より大型で高性能の車両が登場するようになると、東急7000系のように、中小私鉄へとステンレスカーが譲渡されるケースも多くなってきました。移籍先の会社では、やはり塗装などのメンテナンスの手間や費用がかからないという利点を発揮しており、経営が苦しい鉄道会社の、大きな助けとなっているようです。

ただ、加工しにくいという欠点は、事故の際の修理が難しいということでもあります。踏切が多い鉄道では、万一に備えて中古車の車体を多めにもらい受け、破損したら取りかえられるようにしているところもあります。

14
最新電車が、1日に1両ずつ造られている？

　鉄道車両を新しく造る際には、JR、私鉄を問わず専門の車両メーカーに発注するのが一般的です。しかしJR東日本だけは、新潟県の新津に自社で車両製造工場（新津車両製作所）を建設し、おもに首都圏向けの通勤型電車を自前で新製していました。

　現在、この工場は、東急車輛製造の鉄道車両製造部門と合併して、JR東日本の100％子会社である「総合車両製作所」の新津事業所となっていますが、やはりJR東日本向けの電車を製造しています。

　では、なぜJR東日本は自社で電車を製造するようにしたのでしょうか？

　同社は、首都圏を中心に約8000両もの電車を運用しています。発足当初は国鉄から受け継いだ老朽化した車両が多く、それらを新車に取りかえることが課題となっていました。しかし、数があまりに多いことが難点でした。電車の寿命は、およそ30～40年といわれています。そこから考えると、単純計算でも、毎年200～250両もの電車を新製し続ける必要が生じたのです。

　こうなると、最初に大きな設備投資をしてでも、自社内で電車を製造する方がメーカーの利益が上乗せされない分、コスト面で有利になります。このため、電車製造工場が建設されました。

　しかし、必要となる電車の数は、まさに「1日1両」に近いもの。そのため新津で製造する電車は、軽量ステンレスカーに一本化されました。用途に合わせた一部の仕様変更はするけれど、おもな部分については、できるだけ設計を共通化。より少ない手順で製造できるようにしたのです。

第3章 快適な通勤や旅を実現する工夫

車体の基礎になる台枠（床になる部分）を組み立てる工程。まだ、この段階では、これが鉄道車両だというイメージはわかないことでしょう。写真は、現在の総合車両製作所の新津事業所。

それぞれ組み立てられた6面の車体のパーツを、組み上げる工程。溶接作業のかなりの部分は自動化されていますが、まだ人間の細やかな手作業に頼るところも多くあります。

●電車はこうやって造られる

では、電車はどのようにして造られるのでしょうか。軽量ステンレスカーであるならば、手順はメーカーでも自社工場でも、さほど大きな違いはありません。

電車はおおむね、長細い六面体をしているので、まずそれぞれの面を造ります。基礎に当たる台枠。側面の構体、妻面(つまめん)(車両の両端部分)の構体がそれぞれ2つ。そして屋根です。部品は、ステンレスの板を設計に合わせて切断し、折り曲げ、溶接することで造られます。その作業は自動化されており、プログラムされた要領に従って、工作ロボットが手際よく造っていきます。溶接も自動化されている部分がありますが、作業員の手作業も、組み立ての過程ではしばしば用いられます。

それぞれの「面」が完成すると、車体全体を、やはり溶接で組み立てていきます。出来上がった車体は別の作業場に送られ、そこで順送りにされながら、それぞれの工程で、必要な機械類や配線が取りつけられていきます。

一方、車体とは別の作業場(またはメーカー)で、鋼鉄の板を加工して台車の部品を造り、組み立てていきます。車輪やモーターなどは専門のメーカーから納品され、台車に取りつけられます。

最終的には車体と台車が組み合わされ、車体を飾る帯などがつけられて完成です。しかし、すぐに納品されるわけではなく、各機器類が設計通り作動するか、膨大な手数をかけたチェックが待っています。特に乗降扉のようにひんぱんに動く部分や、ブレーキなど安全にかかわる部分については、念入りな試験が繰り返されます。

こうして出来上がった電車が、ようやくJR東日本へ引き渡しとなります。首都圏向けの場合は、電気機関車に牽引(けんいん)されて上越線を通り、配置先の車両基地へと運ばれます。

第3章 快適な通勤や旅を実現する工夫

完成した車体には、さまざまな機器類が取りつけられます。配線の接続を間違えたりしないよう、細心の注意が必要な、重要な工程の1つです。

完成した車両は、装飾などを済ませた上で、最終的なチェックを受けます。すべてが設計通りに仕上がっていることが確認されて、はじめて鉄道会社へ納品されるのです。

15
「電車の全面広告＝ラッピング」が増殖中

　最近、華やかな「全面広告」をまとって走っている電車をよく見かけるようになりました。写真やイラストなどを入れたり、ステンレスカーであっても、まるで色が塗られているかのように見せたり、そのデザインは実に多彩です。

　こうした装飾はラッピングの技術が発達したことによって広まりました。ラッピングとは、その名の通り、電車の車体を耐久性がある薄いフィルムでくるむように装飾する手法です。コンピューターによるデザイン技術や印刷技術の発展に伴い、続々と現れました。

　要は、超大型のプリンターでシールに意匠を印刷し、それを貼りつけたものと思えばよいでしょう。ある意味、鉄道模型的な手法かもしれません。

　車体全面に広告を掲げた電車は、路面電車では昔からよくありました。しかし、これは塗装によるもので、熟練した職人が手作業で施していたものです。

　これに対しラッピングは手軽です。表現方法も大きく広がりました。ただ、ゆがみ、すき間のないよう、車体にぴったりと貼りつけなければなりません。

　かつ、日常的な走行では、雨風やいたずらなどではがれないようにすること。また、矛盾するようですが、広告の掲載期間が終了した際にはすみやかにはがすことができ、車体を傷めることなく原状に復旧できるようにすることなど、貼りつけや接着剤、溶剤にかかわる部分には工夫が必要で、それが克服できたことによって、定着したといってもよいでしょう。

第3章 快適な通勤や旅を実現する工夫

ラッピング技術の発達により、気軽に安い値段で車体を装飾することが可能になりました。ローカル鉄道(写真はえちごトキめき鉄道)でも、例が多く見られます。

●最初は車体の帯から始まった

　車体にシールを貼りつけるという装飾方法は、塗装工程を簡略化する目的から考えられたものです。その始まりははっきりしませんが、国鉄がその末期の1970〜80年代、身延線用や飯田線用に造られた電車の車体の帯をシールにしたことから、注目されるようになりました。ただ最初は、接着剤の問題から簡単にはがせてしまったようで、いたずらにより、見苦しい状態になってしまった電車もありました。

　現在では、ステンレスカーが電車の主流となったことに合わせて一般的となり、色を塗るかわりにラッピングで済ませることが普通です。鋼鉄製車と見まがうかのように、車体全体をラッピングしてしまった例もあります。イベントとして山手線を走ったウグイス色や茶色の電車も、ラッピングによるものでした。

全面フルラッピングの例である、「みどりの山手線」。緑色（ウグイス色）の電車が同線に登場してから50周年になるのを記念して運行されました。

16
駅や列車の案内表示、どんどんカラフルに?

　発光ダイオード(LED)は通電すると光る半導体素子で、消費電力が少なく長持ちするため、電球にかわるものとして期待されていました。しかし、各種の電光表示に視認性の面ですぐれているLEDを採用するには、光の三原色(赤、緑、青)の1つである、青色のLEDがなかなか開発できずにいたことが難点でした。そのためどうしても表現できる色が限られ、フルカラー化は夢ともいわれていました。

　しかし、中村修二氏と2名の日本人がノーベル賞を受賞したことで話題を呼んだように、青色LEDが発明・実用化され、光の三原色がそろったことにより、あらゆる色が安価に表現可能となりました。そして、鉄道の世界でも「フルカラーLED式」の案内表示が、広く採り入れられるようになったのです。

　鉄道では、例えば特急や急行といった列車種別の区別に、色による案内がよく用いられています。赤が特急、青が急行といったぐあいに、駅の発車案内装置や、列車の前面・側面の表示器に表す色を統一することは、よく行われているのです。これをLEDで表すには、やはりフルカラー式が最適でした。

　以前は、印刷した幕に後ろから蛍光灯で明かりを当てる方式や、フラップと呼ばれる薄い板を回転させる方式(いわゆるパタパタ式)などが用いられていた駅の案内も、今やLEDが主流になりました。同じLEDでも単色や、赤とだいだい色の2色のものは、比較的早くから実用化されていましたが、これもフルカラー式に取ってかわられつつあります。やはり、表現力においては、フルカラー式に大きなアドバンテージがあります。

第3章 快適な通勤や旅を実現する工夫

カラフルなフルカラーLEDが、最近は駅の案内表示で目立つようになりました。さまざまな色を使うことができるため、大きな効果をあげています。

●列車の種別・愛称表示にも広まる

　駅のみならず、列車に取りつけられている案内表示にも、今ではフルカラー式LEDが広く使われています。目立つ例としては最近の新幹線電車があり、東海道・山陽新幹線各駅の案内と統一して、N700系の側面の表示では「のぞみ」を黄色、「ひかり」を赤、「こだま」を青、「みずほ」をだいだい色、「さくら」をそのまま桜色、「つばめ」を「こだま」より濃いめの青で表しています。まさに、どんな色でもほぼ表現可能なその性能を、フルにいかしているといえましょう。これは東北・北海道新幹線のE5系・H5系、北陸新幹線のE7系・W7系などでも同様です。

　前面の列車愛称表示にも、最近ではフルカラー式LEDが使われています。LEDをこれに使った元祖は、常磐線の特急「スーパーひたち」用の651系電車（1988年登場）ですが、カラフルではあっ

駅のみならず、車体の内外の案内にもフルカラーLEDが進出しています。写真の東北・北海道新幹線用E5系をはじめ、最新型車両ではポピュラーな装備になりました。

たものの、青色LEDの普及前でしたので、限界がありました。ただその後、前面に愛称表示をつけない特急用車両(車両の形や色そのもので、アイデンティティーを示す)が主流になりましたが、JR北海道の789系1000番代などには、フルカラー式LEDの愛称表示器が取りつけられています。

　LED式の案内装置の特長としては、例えば日本語と外国語など、表示の切りかえが容易であることや、スクロールをさせた案内ができることなどがあります。従来のものでも可能でしたが、フルカラー式によって、よりわかりやすい表現ができるようになったともいえましょう。

　ただ、車内の案内装置については、かつては単色のLEDがよく用いられていました。新幹線などでフルカラー式LEDを採用した例もありますが、実際にはLCD式(p.141参照)をよく見かけます。

前面の愛称表示にフルカラーLEDを採用した、JR北海道の「スーパーカムイ」用の789系。華やかな特急型電車の装飾にも、ひと役買っています。

17
通勤電車の座席は、広く「硬く」改良

　大都市圏の通勤電車の座席は、横並び一列に座る「ロングシート」がほとんどで、混雑時でも客室の奥へ入りやすく、ひいては乗り降りがしやすくなっています。こうしたタイプの座席に戦前から、東京や大阪ではポピュラーなものでした。

　このロングシート。一見、昔からそう変わっていないように思えますが、実は最近の電車における改良ぶりはめざましく、座り心地の点では、以前とは比べものにならないほど、よくなっています。

　国鉄時代の代表的な通勤型電車である103系の座席には、特に区切りなどはなく、文字通りのロングシートでした。すいているときは、自由にゆったり座れる利点がありましたが、混雑している時間帯に中途半端に座られると困りもの。本来7人座れるはずなのに6人しか座っていない、すき間ができているなど、立っている人がイライラすることもありました。皆さんも、経験があるかと思います。

　また、1960～70年代は激しいラッシュに対応するため、できるだけ床面積を多く取るべく、背ずり（背もたれ）と座面が直角に近い角度になっており、座っていても窮屈な感じがしたものです。1979年に登場した国鉄の201系電車では、この角度が大きくなり、背ずりに背中をあずけて座れるようになった（103系のうち最終期の製造車でも同様）ほか、座席の表地が「3人＋1人＋3人」に色分けされており、乗客が心理的にきちんと座るよう工夫されていました。色や模様などでロングシートの区分を示すこの方法は、今でも広く行われています。

第3章 快適な通勤や旅を実現する工夫

一人分ずつの座席が分けられている西武30000系。一人分ずつの座席上部をアーチ状にするなど、よりいっそう区分けをはっきりさせる工夫が施されています。

● バケットタイプのロングシートが登場

　長年、受け継がれてきた文化として、日本人は椅子に座るより、畳の上の座布団に座る方が落ちつくものです。そのため、鉄道車両の座席であっても、やわらかい座面(つまりは座布団に近いもの)が好まれる傾向にあるようです。人間の体格、骨格は千差万別なので、適度に沈み込んで身体にフィットする方がいいのでしょう。

　ただ、国鉄がJRになり、時代が平成になる頃には、生活の洋式化がいっそう進み、和室がないという家も普通になってきました。そこで、通勤型電車のロングシートも、形そのものを椅子に近づけ、きっちり身体を支える方がいいのでは、という考え方も出てきました。その方が、1人1人の座席の区分もはっきりします。椅子をたくさん横に並べたような、こういうタイプの座席を「バケットタイプ」と呼びます。

これを装備した初期の代表的な系列として、JR東日本209系をあげておきます。1人ずつに仕切られたロングシートとなっており、中途半端に座ると居心地が悪くなります。

　ただし、背ずりや座面はあまりクッションがきかない硬めのものとなっており、木製の椅子に近く、これを不満に思う向きもあったといわれています。身体をホールドするような感覚にはすぐれており、「きっちり姿勢よく座る」分には座り心地のよいものでしたが、座布団の上にゆったり座る感覚を好む人には不評だったようです。

　その後の車両では、座面をやわらかめにするといった変更が加えられたものが多くなりましたが、定員通り座れるバケットタイプのロングシートは、特に混雑する関東の鉄道会社がやはり積極的に採用しています。JR東日本でも、E231系、E233系が209系のながれをくんでいます。

　さらに進んで、ロングシートであっても、クロスシート（進行方向に対して直角に置かれるシート）に近い快適さを求めた車両も現れ始めました。

　西武鉄道30000系「スマイルトレイン」は、背ずりの上部を波形とし、区分をよりはっきりさせました。京阪8000系はリニューアルされたとき、車端部に新しく設置されたロングシートに「枕」を設け、頭をもたれかけることができるようにしました。同様の座席は、東急5000系の最新増備車でも一部に採り入れられています。

　一方、若者の体格の向上に合わせて、1人あたりの座席の幅を広げる努力も行われています。例えば、201系では430mmであったものが、209系では450mmに広げられました。E233系では、これが460mmとなっており、これが現在の標準値です。大柄な人でも肩身が狭い思いをしなくて済むようになりました。

第3章 快適な通勤や旅を実現する工夫

1960〜70年代の通勤型電車の座席は、本当の「ロングシート」で、形もシンプルなものでした。
写真は鉄道博物館に保存されている101系電車の車内で、103系の座席もほぼ同様です。

JR東日本が量産した209系の車内。1990年代から、こうした「バケットタイプ」が普及しました。
すっぽり腰がおさまることから、バケツ(bucket)にたとえられました。

18
つり手や荷物棚が前より低くなった？

　鉄道は公共交通機関です。誰でも、所定の運賃・料金を支払えば、利用することができます。ですから、誰でも、公平にサービスを受ける権利があります。

　しかしながら、高齢者や年少者、身体障害者などにとって、果たして鉄道は利用しやすい交通機関であったのでしょうか？　こういう反省が近年生まれ、これに対する1つの答えとして、「ユニバーサルデザイン」というものを、鉄道車両に採り入れることが進められています。ユニバーサルデザインとは、いわゆる社会的弱者だけでなく、文化・言語・国籍の違いや、年齢の違い、男女の違いなどを可能な限り問わずに利用することができる、施設などの設計をいいます。

　鉄道においては、エレベーター、エスカレーターの整備に代表される、いわゆる「バリアフリー化」にとどまらず、例えばお年寄りから小さな子供まで、安全に利用できる車内設備づくりなどについても、ユニバーサルデザインの一環として取り組まれています。また、外国語表記の充実、ベビーカー用スペースの設置なども、同様にユニバーサルデザインを見すえた、鉄道のサービス改善の1つです。

　最近、通勤型電車の客室内に並んでぶら下がっているつり手(つり革)のうち、いくつかに1つ、長い、つまりは持ち手の部分が低くされている電車もあることにお気づきでしょうか？　これは、背が低い人でも届くよう配慮したもの。特に小柄な女性の通勤客には好評なようです。「優先座席」の部分など、特定のところを低くした例もあります。

第3章 快適な通勤や旅を実現する工夫

一部のつり手や荷物棚が低くされた、JR東日本のE233系の車内。女性や子供、高齢者に限らず、背が低い人・高い人など、それぞれが便利に使えるよう工夫されています。

● **人知れず？ 低くなっている荷物棚**

　つり手と同様、荷物棚も通常のものより低くして、荷物の上げ下ろしを楽にしている例が増えてきました。ほかと比べてみないとわかりにくいので、つり手ほど目立ってはいないかもしれません。ただ、あまり低くしすぎると、今度は反対に背が高い人が座席から立ち上がるときに頭を打ったりするので、その点も配慮しなければユニバーサルデザインとはいえません。

　そこで、低いつり手と組み合わせて、やはり車端部に設けられている優先座席の部分のみ低くする、あるいは、女性専用車に指定されることが多い先頭車両のみ低くするといった工夫を、各鉄道会社とも行っています。ただ低くするだけではなく、荷物を置く部分をガラスやパイプにして、座っていても確認しやすくすることも行われています。

ケガの原因にならないよう、角張った部分を極力、排除した西武30000系の客室内。小さな子供でも、安心して電車に乗れるようにとの配慮がなされた設計です。

非常時にとっさにつかまれるよう、形や大きさが工夫された、JR西日本が採用している最新型のつり手。色も、車内で目立つようにオレンジ色となっています。

●手すりやつり手の形にも配慮

　乗降扉脇などにある手すりも、子供などがぶつかってケガをしたり、カバンなどを引っかけたりしないよう、角張った部分をなくし、角を丸くするのが、もはや当たり前となってきました。首都圏の電車では一般的な設備になった、ロングシートの中間部分に設けられた縦方向の手すり（スタンションポール）は、立ち上がるときの手がかりになるように、また、つり手をつかめない人が握れるように設けられたものです。

　ロングシートの両脇にある仕切りも、古い電車だとステンレスのパイプ1本だけだったりしたのですが、最近は立っている人と座っている人が干渉しないよう、大型の板状にするのが普通となっています。大きく揺れた際に、これで身体を支えることができるようにとの配慮でもあります。

　最近、目立つようになったのが、車両間の連結部に設けられた「転落防止装置」と、乗降扉の合わさる部分に縦に入れられた黄色い線、および乗降口の床の黄色い部分。これらはいずれも弱視者対策として考えられたものです。

　尼崎における福知山線の脱線衝突事故を経験したJR西日本では、さらに進んで、客室内の安全対策の一環として、設備の改善に取り組んでいます。いちばんわかりやすい変更はつり手。従来のものより、ひと回り大きく太くされ、色も目に入りやすいオレンジ色にして、とっさの場合につかみやすくしています。また、手すり類も太くされ、やはりオレンジ色になりました。

　大型のつり手はJR東日本のE233系でも採り入れられています。こちらは黒色で、握る部分が三角形をしていますが、客室内での存在感は大きく、やはり万一の急ブレーキなどの際、とっさにつかまりやすいよう、考えられているのです。

19
「弱冷房車」はお好き？ 改良される空調

　寒さが身体にこたえる人にとって、夏場の「弱冷房車」は救いでしょう。逆に汗っかきにとっては、うっかり乗ってしまうとつらい車両ですが…。

　かつて、鉄道車両の冷暖房はすべて手動でした。つまり車掌が温度計を見て、入れたり切ったりして調節していました。そのため、人によっては寒い、いや暑いと、個人差に振り回されることも多くあったそうです。

　その後、家庭用エアコンと同じく、温度を設定しておけば、サーモスタットによって自動的に温度が保たれるようになりました。そこで登場したのが弱冷房車で、設定温度を1両だけ高め（28℃

車内の設定温度を高めにした「弱冷房車」も、今では当たり前の存在になりました。冷えすぎることを好まない女性を中心に、支持を集めています。

第3章 快適な通勤や旅を実現する工夫

の場合が多い)にしてあるのです。停車時の位置が、ホームの階段から遠いなど、あまり混雑しない車両が、通常選ばれます。

空調技術の改良はさらに進み、今では車両ごとの気温はもちろん、乗車率、扉の開閉なども勘案して、自動的にエアコンのスイッチのオン/オフや風量風向の調節などをし、車内をより快適な環境に保てるようになっています。室温は、ほかのデータとともに、運転台にあるモニター装置に表示されるようになっており、必要に応じて、乗務員の手動(もちろん遠隔操作)によるエアコンの調整もできます。

昔の電車のように、車内のどの場所にいるかによって、寒く感じたり暑く感じたりすることは、今ではかなり少なくなりました。やはり新型の電車の方が、夏でも冬でも快適に過ごせることは間違いありません。

最近の電車の空調は、車両ごとに温度や混雑ぐあいなどを測定し、自動的に調整されるようになっています。ただ、屋根に載せられた空調装置の大きさだけは変わりません。

20
快適な乗り心地のカギは「台車」

　鉄道でいう「台車」とは、車輪が取りつけられ、動かない車体に対して自身が左右に回転し、レールに導かれて進むのと同時に、車体や乗客、積荷の重さを支える役割をしている部品。車輪の回転による推進力やブレーキ力を、車両・列車全体に伝える役割も担う、鉄道車両ではもっとも重要な部分の1つです。

　今日の鉄道車両の台車は、2軸ボギー式といい、1つの台車に2つの車輪を固定してあるものがほとんどです。それが車体の前後2か所についており、曲線をスムーズに通過できるようになっています。

　台車の大きな役割としてはほかに、線路から伝わってくる衝撃や振動を減らし、できるだけ車体に伝えないようにすることがあります。旅客用の車両なら乗り心地が悪化しないようにすること、貨物用の車両なら積荷の破損や荷崩れを防ぐことが、目的であるのはいうまでもありません。

　そのため、特に電車をはじめとする旅客用車両の台車には、鉄道の始まりから現在にいたるまで、新技術を採り入れながら、さまざまな工夫が加えられ続けています。実に多種多様な方式の台車が生まれているのです。

　現在の台車の構造としては、まず車輪の両端を支える部分(軸箱)に軸箱支持装置を設け、さらに台車と車体の間に車体支持装置を設けているのが一般的です。いずれも、何らかの「ばね」を用い、支えることがよく行われています。軸箱支持装置としてつけられるばねを「軸ばね」、車体支持装置としてつけられるばねを「枕ばね」と呼びます。

第3章 快適な通勤や旅を実現する工夫

車体と台車の間にある、ゴムの風船のような部品が「空気ばね」。空気の圧力を利用して、振動を吸収し乗り心地をよくするしくみで、今では常識になっています。

●何重にも「クッション」が設けられている

軸ばねには、コイルばねや板ばねがよく用いられます。ばねのかわりにリンク装置やオイルダンパを用いる、あるいは、それとばねと併用することも、よく行われています。役割は、線路から伝わってくる上下振動を受け、減らすことです。

枕ばねには、今では通常、「空気ばね」が用いられています。台車枠と車体の間に、黒い風船のようなものがはさまっているのがそれです。丈夫なゴム製の袋に圧搾空気を詰めてあるものと考えればよく、柔軟に振動を受け止めることができるのが特長です。

枕ばねは上下動のほかに、左右の振動も受け止めます。あるいは台車の回転をここで受ける構造の台車もあります (p.84参照)。こうした役割に空気ばねは非常に適しており、ほかの種類のばねより、乗り心地をよくすることができるのです。

日本ではじめて、実用的な空気ばね台車を採用した鉄道は、関西の京阪電鉄です。車両メーカーとの共同開発を経て、1956年に実際に電車に取りつけ、試験的に用い始めました。この台車は枕ばねではなく、軸ばねを空気ばねとした、今では特殊な構造に属するものでしたが、乗り心地の改善には大きな効果を示し、のちに空気ばねにおいて京阪が業界をリードするきっかけともなりました。枕ばねに空気ばねを用いた最初の電車も、京阪の特急型電車1810系（1956年登場）です。

　空気ばねは乗り心地の改善だけでなく、ラッシュ時に大勢の客が乗る場合にも、すぐれた対応力をもっています。空気圧を調整することで車体の高さを一定に保ち、ホームとの危険な段差を生じさせないようにできるからです。

●普及した「ボルスタレス式台車」

　ばねだけでなく、台車には振動を吸収したり、牽引力、ブレーキ力を伝えるためのしくみ、部品が、ほかにも組み込まれています。その構造はさまざまで、まさに乗り心地対策に苦心してきた歴史の反映ともいえます。

　そうした部品の1つに「枕ばり」（ボルスターアンカー）があります。おもに枕ばねを車体と反対側（下側）で受けるもので、枕ばねとともに回転はせず、中心ピンで台車枠と結ばれ、台車の回転を受ける役割を果たしています。この方式を採用している台車の場合、枕ばねは上下動の吸収のみを受け持ちます。

　しかし、枕ばりはかなりの重量になります。また、部品数が多ければ多いほど、メンテナンスの手間がかかります。

　そこで、軽量化と保守の軽減を目的として、思い切ってこれを省略した方式が考案されました。改良された枕ばね（空気ばね）が、

第3章　快適な通勤や旅を実現する工夫

JR東日本の最新型特急電車、E353系が履いているボルスタレス式台車。構造がシンプルで、軽量であるため、多くの鉄道会社で採用されています。

たわみによって台車の回転を受けます。それが、多くの鉄道に採用されている「ボルスタレス式台車」です。名前の通り、ボルスターアンカーがない（レス）構造なのです。

　試作や試験を目的とした車両を除き、はじめて日本でボルスタレス式台車を採用したのは、営団地下鉄（現・東京メトロ）が半蔵門線用として1980年から新製した8000系電車です。その後、国鉄〜JR各社をはじめ、この方式を採り入れる鉄道会社が相次ぎました。

　しかし、急カーブの通過性能の上で不利と考えるなど、ボルスタレス式台車に対して消極的な鉄道会社もあり、採用・不採用は各社それぞれです。試験的に導入したものの、のちにほかの方式に転換した会社もあります。その一方で、300系以降の新幹線電車や、特急型電車には広く用いられています。

21
鉄道の安全を守る基本「閉塞区間(へいそく)」

　鉄道にとって列車同士の衝突事故は、もちろんもっとも避けなければならないことです。

　国土交通省の交通安全白書(2016年度版)によると、2015年の列車の衝突事故はわずか2件、死傷者はゼロ。鉄道事故全体でも死傷者は670人ありましたが、列車の乗客の死者はやはりゼロ。死傷者の大半は、いわゆる「人身事故」(列車への飛び込みや接触)、あるいは踏切事故によるものです。

　同じ1年間で道路交通事故による死傷者が67万140人あったのと比べると格段に少なく、いかに鉄道が安全な交通機関であるかがわかります。そもそも、単に「交通事故」といえば、道路における自動車の事故を指すぐらいです。

　では、その鉄道の安全は、いかにして守られているのでしょうか？　鉄道の線路の上には、複線区間ならば、同じ方向へ何本もの列車が走ります。単線区間にいたっては、反対方向へ向かう列車が1本の線路を共用して走っています。なぜ、衝突しないのでしょうか？

　鉄道の安全を守る、いちばん根本的な考え方は「閉塞」です。

　これは、線路をいくつもの細かい区間に分け(これを閉塞区間と呼びます)、各閉塞区間には、絶対に1本しか列車を入れない、入れさせない、入らないようにするというものです。鉄則中の鉄則といえます。

　単線区間の場合、列車のすれ違いができる駅と駅の間が、1つの閉塞区間となります。複線区間の場合は、駅と駅との間も、いくつかの閉塞区間に区切られています。

閉塞区間の考え方

単線区間の場合

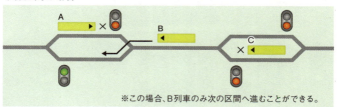

※この場合、B列車のみ次の区間へ進むことができる。

複線区間の場合

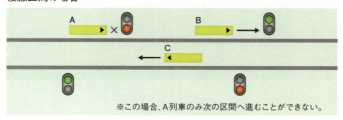

※この場合、A列車のみ次の区間へ進むことができない。

　そして、各閉塞区間の入り口に建てられているのが、鉄道の信号機です。複線以上の区間では、信号と信号の間が1つの閉塞区間になります。鉄道における信号は、その先の閉塞区間に進入してよいかどうかを示すものなのです。

　このため、赤信号を無視して次の閉塞区間に入ってしまえば、そこにほかの列車がいるかもしれず、非常に危険な状態に陥ります。実際、1991年に発生した信楽高原鐵道列車正面衝突事故は、簡単にいえば、定められた手順を守らず、1つの閉塞区間に2本の列車を入れてしまったために発生したのです。その結果、42人もの死者を出してしまいました。そのため、鉄道の保安装置は、赤信号の無視に対し、自動的にブレーキをかけて安全を保つことを第一の目的としています。

信号機が連続して立てられているようす。信号と信号の間が「閉塞区間」になり、この間に絶対、1本しか列車を入れないことが、鉄道の安全を守る基本になります。

上の写真と同じ線路に電車が入ってくるときには、例えばこのように信号が変わっています（信号の詳しいしくみについてはp.90参照）。

第3章 快適な通勤や旅を実現する工夫

JR東日本が導入を進めている、安全確保のための新しいシステム「ATACS」は、近い将来、写真の埼京線でも運用を開始する予定。いよいよ首都圏でも使われ始めます。

●閉塞区間によらない新しい安全確保の方法

現在でも、ほぼすべての鉄道路線が、この閉塞という考え方に基づいて安全を確保しています。一方で、技術の発達により、閉塞区間によらず、列車の現在位置を無線などによって把握することによって、列車の安全を保つという新しいシステムも採用されつつあります。JR東日本が仙石線あおば通～東塩釜間に導入した「ATACS」という保安装置がそれです。

このシステムでは、列車の場所を把握すると、先行列車の位置などから、車両の性能に基づいて「進むことができる距離と、許される速度のパターン」を随時、算出。これを列車に伝達し、距離や速度を逸脱しそうになるとブレーキを自動的にかけるしくみです。ATACSは今後、2017年には埼京線に導入される予定で、さらに首都圏全域への拡大が構想されています。

22
鉄道の信号は「赤→黄→青」の順に変わる

　前の項で、鉄道の信号機は閉塞区間の入り口に建てられていることを説明しました。次の閉塞区間に入ってよいかどうかを示すため、鉄道の信号機でも青・黄・赤の三色を用います。この点は道路の信号機と同じです。鉄道では、青を「進行」、黄色を「注意」、赤を「停止」と、それぞれ呼びます。

　ではその、色が変わる順番は、ご存じでしょうか？

　道路の信号が「青→黄→赤」と変わることは、子供でも知っています。しかし鉄道の信号は、「赤→黄→青」の順に変わります。

　どうして、そうなっているのかといえば、赤を「定位」、青を「反位」と決められていることがヒントになりましょうか。つまり、あくまで赤が「常にセットしておく状態」であって、先の閉塞区間に進める場合のみ、黄、さらには青へと変わるのです。

　余談ですが、「出発進行」と運転士などがいう場合。それは、列車を出発させるための"かけ声"、ましてや勢いづけのためでは決してありません。

　これは指差確認、あるいは指差喚呼といい、対象を指で差し、声を出して確認すること（人間、声を出したことは忘れにくくなるため）の1つの例で、「出発信号機が、進行を現示している」ことを縮めていっているのです。出発信号機とは、駅からの出発を指示する信号機です。これが進行（青）を現に示している（つまり、発車してよい）ことを確認しているのです。それゆえ、信号機を指差さずにいうことも、信号を見すえずにいうことも、ありえません。「出発注意」「出発停止」という喚呼もありえます。

第3章　快適な通勤や旅を実現する工夫

鉄道の信号は赤が基本。前の閉塞区間に列車がなく、そのまま進めるときだけ青を示すしくみになっています。運転士は、この信号を確認しつつ、列車を運転します。

自動信号機の表示の意味と信号機の種類

赤は「停止」を表しています。鉄道の信号では赤を示すことが基本です。

黄は「注意」。速度を落として、注意して進むことが義務づけられています。

青が「進行」。定められた最高速度以内で、そのまま進んでも大丈夫です。

●青は「列車がいるのは3つ先(以遠)の閉塞区間」

　閉塞区間をトイレの個室の連続、鉄道の信号を個室のカギにたとえた人がいますが、うまい比喩だと思います。つまり、個室に入るとカギがかかり、表示が青から赤に変わります。

　列車が閉塞区間に入ると信号も青から赤に変わり、その閉塞区間には、ほかの列車が入れないことを表します。「隣の個室＝次の閉塞区間」へと移るとカギが開き、赤が青に変わって「ほかの人が入れる＝列車が閉塞区間に入ることができる」。そういったぐあいです。

　ただ列車の場合は、もし青信号によって全速力で次の閉塞区間に入ったとして、いきなり次の信号が赤(その先の閉塞区間に列車がいる)だったとすれば、止まりきれないおそれもあります。

列車の進行に合わせて信号は変わる

先行する列車が次の閉塞区間にいる場合、信号は「赤」を示します。

先行列車が進み、間にあいた閉塞区間が1つできると、信号が黄に変わります。

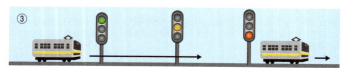

先行列車が進み、あいた閉塞区間が2つ以上できると、青が示されます。

そこでクッションとして、次の次の閉塞区間に列車がいる場合は、青ではなく「黄」を表示し、「注意」を喚起するのです。

整理すると、複線以上（その線路を進む列車が単一方向のみ）の場合、

(1) 1つ先の閉塞区間に列車がいる場合は「赤」、
(2) 2つ先の閉塞区間に列車がいる場合は「黄」、
(3) 3つ先かそれ以遠の閉塞区間に列車がいる場合は「青」、

このように信号が変わってゆくことになります。

なお、赤・黄・青の三色で示す信号は、あくまで基本です。大都市圏の、運転本数が多い路線では、より細かく閉塞区間を区分し、信号も段階を増やして安全を保つようにされています。一般的なのは、「赤→黄黄（警戒）→黄→黄青（減速）→青」の5段階になっているものです。それぞれの段階に速度制限の意味も持たせている鉄道会社、路線も多くあります。

運転本数が多い路線では、黄色×2の「警戒」を示す信号も用いられています。

黄色と青を同時に表示すると「減速」を表します。青より低い速度で進むことができます。

23
万一、赤信号を通り過ぎてしまったら

　鉄道では、列車は線路から離れられないため、万一、赤信号を無視して、ほかの列車がいる閉塞区間へと進んでしまっては、大事故を引き起こしかねません。現に、こうした事故は過去、何度も起こってしまっています。代表的なものとしては、1962年に常磐線三河島駅付近で発生し、死者160人を出した多重衝突事故「三河島事故」があります。

　そのため運転士が赤信号を無視、もしくは見落として進んでも、自動的に列車を止めるシステムが鉄道には設けられています。これが「列車自動停止装置」(ATS)です。国鉄全線にこれが設置されるきっかけが、三河島事故でした。

　初期のATSでは、赤信号になるとレールの脇にある「打ち子」と呼ばれるレバーが起きあがり、これが列車の非常ブレーキのコックを打つことでブレーキをかけるしくみでした。これは機械式ATSと呼ばれ、動作が確実なため、比較的最近まで地下鉄などで使われました。

　今のATSは、地上(線路の間)に置かれた「地上子」と、列車に取りつけられた「車上子」からなります。地上子は各信号機に対応して1対2個あり、赤を示している信号機に応じた地上子の上を通過すると、車上子が反応し、運転台に赤ランプがついて、警告音が鳴ります。ここで運転士が確認ボタンを押し、赤信号の手前で止まればよいのですが、赤信号手前の次の地上子でも停止していなければ、即座に非常ブレーキが自動的にかかります。

　確認ボタンが押されても、警告音はチャイムに変わり、そのまま停車するまで鳴り続けます。こうして安全を保つのです。

ATSが作動するしくみ

ATSの地上子は、対応する信号機の手前に置かれています。青や黄を示している信号の場合は、通過しても、特に反応しません。

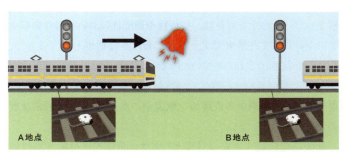

対応する信号機が赤を示している場合、運転台の赤ランプが点灯し、警告音が鳴ります。ブレーキが操作されないと非常ブレーキがかかります。

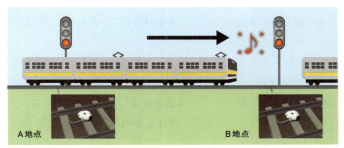

運転士が確認ボタンを押すと警告音のかわりにチャイムが鳴り、注意をうながし続けます。赤信号までに止まらないと非常ブレーキがかかります。

24
もし、制限速度をオーバーしたら…

　列車の速度を制限するものは、信号ばかりではありません。急なカーブにも、「何km/h以下で走りなさい」という制限速度が一般的に設けられています。通常のカーブのほか、駅に進入・駅から出発するときの、分岐器（ポイント）通過の際にも、速度制限が設定されています。

　こうした制限については、線路脇に建てられている「速度制限標識」で示されています。ただ、信号無視対策と比べて、制限速度オーバーに対する対策は、積極性や徹底性において遅れを取っていたのも、また事実です。道路における自動車と同じことで、運転士の注意に委ねられていたのです。

　その状況が変わったのが、2005年に発生したJR福知山線脱線事故です。この事故の直接的な原因が、カーブにおける制限速度の大幅なオーバーでした。

　制限速度に対する安全対策としては、東海道新幹線で本格的に採用された、列車自動制御装置（ATC、p.52参照）があります。これは「走ることができる上限の速度」を運転台に表示し、オーバーした場合は自動的にブレーキをかけるもの。カーブなどの制限速度に対しても有効です。

　最近では、このATCも進化し、デジタル式となっています。これは、列車が停止すべき位置から計算された、最適な無段階の速度パターン（減速パターン）を表示するしくみのもので、スムーズな減速が可能となりました。乗り心地の向上のみならず、運転間隔を安全に縮めることも、デジタルATCによって可能となっています。

従来のATCとデジタルATCのしくみ

従来のATCは、速度が制限を超えた場合にブレーキをかけ、速度が下がるとゆるめる方式です。ATCに頼ると、ギクシャクした運転になるのが欠点で、乗り心地が悪いものでした。

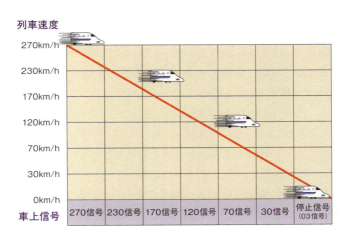

新しいデジタル式では、列車が停止すべき位置をもとに最適な無段階の速度パターンを計算、スムーズに減速するようになりました。これで、安全に運転間隔を縮めることができます。

● ATSと似て非なる「ATS-P」

ATCは、導入できれば保安度が大きく向上するのですが、従来の信号機がすべて不要になり、かつ車両の方でも機器類の取りつけなど、対応が大変です。どうしても初期投資額も大きくなり、導入には手間も時間もかかります。新幹線のように一から建設される路線ならばよいのですが、既存の路線に採り入れようとなると、大規模なプロジェクトになります。

それでも、山手線や京浜東北線など、輸送量や列車の運転本数が非常に多い路線では、ATCを導入すれば安全面での効果は大きく、投資に対してもペイできます。しかしながら、それほどの輸送量がない路線では、やはりもう少し簡便で安価なシステムが求められます。

そこで、ATCにかわって現在、広く普及しているのが速度照査式ATSです。一般には「ATS-P」などと呼ばれます。PはPatternの頭文字です。

ATS-PはJR福知山線脱線事故をきっかけとして注目された保安装置で、マスコミなどでは「新型ATS」などと称されることがありますが、実は、赤信号の無視や行き過ぎを防止するだけのATSとは似て非なるものといってもよいでしょう。システムとしても、従来のATS（p.94参照）との互換性はありません。

しくみとしては、むしろATCの方に近いものです。また、その歴史も古く、1960年代後半から大手私鉄などでは実用化されており、特に新型というわけでもありません。

ATS-Pは、簡単にいえば、「列車が走行しているその地点で、出してよい最高速度と、列車の現在の速度を照らし合わせ、オーバーしている場合は、ブレーキをかけて速度を落としていく」というもの。前方の信号が赤ならば、当然、出してよい最高速度は

第3章 快適な通勤や旅を実現する工夫

線路脇の速度制限標識。写真は「35km/hに制限された区間は、ここで終了」ということを示しています。ここまでは信号にかかわらず、この速度に落としておかなければなりません。

0km/h。前方に50km/h制限がかかっているカーブがある場合は、50km/hが出してよい最高速度になります。この点は、ATCと似ています。ただ、通常の信号機を用いるところが、ATCとは異なります。

近年では、デジタルATCの技術を応用して、減速の際のパターンもスムーズになり、乗り心地も運転士のブレーキ操作に近いものへと進化しています。大手私鉄では、このタイプへの更新が積極的に進められています。

車両に搭載する機器類も、初期のATCなどと比べると、大幅に小型・軽量化されました。かつては、床面の一部をつぶして設置せざるをえず、車体の設計にまで影響をおよぼしていましたが、ATS-PではJR東日本の蒸気機関車に後づけで取りつけることも可能だったほど、小さな機械になりました。

25
なぜ、トンネルの壁にぶつからないの?

　改めていいますが、鉄道は線路の上しか走れません。

　なので、列車が進行する前方に障害物があっても避けられません。線路際には、信号、標識、架線柱などがすぐ近くに立っています。また、トンネルは列車の大きさに対し、ぎりぎりの穴の大きさしかないように見えます。

　もちろん、列車とこうしたものの衝突を避けるための基準が定められています。これを建築限界といい、この内側には何もはみだして設置してはならないとされています。もちろん、踏切の遮断機などの動く設備であっても、この限界の中に入ってくることは許されません。

　いわば、「透明な壁のトンネル」の中を列車は走行していると思っていただければよいでしょうか。信号などは、トンネルの壁の外に設置されていることになります。ただし、電化区間における架線(列車の部品であるパンタグラフと接触していなければならない)など、例外的な設備はあります。

　建築限界に対して、車両限界というものもあります。これは建築限界よりひと回り小さく定められているもので、車両が走行するとき、この限界から外へはみだしてはいけないという基準です。この両者は、地面を除いて接していないため、接触事故を防ぐことができるのです。

　車両を設計するときは、走行が予定されている路線で定められている車両限界より大きくならないよう、また揺れたとしても車両限界より外に出ないよう、寸法が決められます。たいてい、限界いっぱいまで広げられます。

JR在来線の建築限界と車両限界

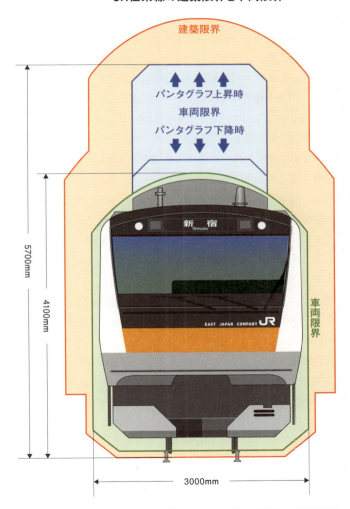

在来線の建築限界、車両限界は複雑な形状をしています。車両や設備を、この限界内におさめることにより、接触事故を起こさないようになっています。

●建築限界に左右される電車の大きさ

　これら建築限界、車両限界の寸法は、鉄道会社によって異なっていたり、同じ鉄道会社であっても電化路線と非電化路線によって違ったりします。国鉄～JR各社では、新幹線と在来線で分けられてはいますが、各路線ともほぼ共通になっています。

　ただ、中央本線では一部のトンネルの断面が小さく、ひいては建築限界が狭くなっています。そのため、これに対応した特殊なパンタグラフを装備する、あるいはパンタグラフ部分の屋根を低くするなどの対策を取った車両しか通過できないといった、個別の事情がある路線が存在します。

　また、建設された時期が古い、あるいは、線路の設計時に大きな需要が予測できず「小型の車両でよかろう」(建設費が安くなります)とされた路線などでは、一般的な建築限界より、かなり狭いものを採用した例が散見されます。特にトンネルの建設費が大きな額となる、地下鉄にはよくあります。

　例えば、東京メトロ銀座線は日本一古い地下鉄(1927年開業)ですが、トンネルが小さくカーブも急なため、現在まで、長さ16m、幅2.5m、高さ3.5m程度の電車しか走ることができていません。東京メトロで、ほかの鉄道と相互直通運転を行っている路線の電車だと、長さ20m、幅2.8m、高さ4m程度が標準的な寸法ですから、見た目からして小さな感じがします。同じような例としては、名古屋市営地下鉄の東山線などがあります。

　建築限界、車両限界は非常に厳密なもので、例えば阪急電鉄では、相互直通先である地下鉄堺筋線に乗り入れる関係上、京都線では最大幅2.85mまでの電車が走れるのに対し、神戸線・宝塚線では2.75mに制限されています。そのため、両線で異なる形式の電車が使われているのです。

第3章 快適な通勤や旅を実現する工夫

従来タイプの限界測定車は、その見た目から、俗に「おいらん車」と呼ばれています。使われる機会がそう多くないので、古い客車を改造して用意されるのが普通です。

●建築限界を測定する車両

　建築限界を測定する特殊な車両があり、限界測定車などと呼ばれています。古いタイプだと、車両の周囲にトゲのようなものをたくさん出した形をしており、これが障害物に触れると折れ曲がる（倒れる）ことによって、限界に抵触していることがわかるというしくみになっていました。新しい路線や大規模な工事が完成したときなどに登場し、機関車に牽かれて徐行で通り抜け、測定しています。そのスタイルが、かんざしをたくさん髪にさした「花魁」に似ていることから「おいらん車」とあだ名されています。

　最近では、レーザー光線の反射を用いて、線路の周囲の設備までの距離を測り、定められた値以上のクリアランス（すき間）が保たれているかどうかを確認するタイプや、カメラで記録しつつ確認するタイプの限界測定車もあります。

26
衝撃をやわらげる「クラッシャブルゾーン」

　鉄道でいちばん恐ろしいのは、自動車など、あるいはほかの列車との衝突事故です。事故を避けるために、さまざまな保安装置が研究され、設けられてはいますが、万一、それでも事故が起こってしまったときの対策はあるのでしょうか？

　首都圏に多くの路線を抱えるJR東日本は、早くからこの問題に取り組んできました。1992年に成田線で普通電車とダンプカーが衝突して運転室が大きくつぶれ、運転士が殉職してしまったことが、大きなきっかけでした。

　1958年に東海道本線の特急「こだま」用として登場した20系電車（のちの151系、181系）は、運転台を上方とし、その前方に機器類をおさめたボンネットを持っていました。高速運転であるがゆえに、万一の衝突時にはここがまずつぶれて、運転台や客室への影響を抑えるという役割も担っていたといわれます。しかし、ボンネット型は先頭車の定員が少なくなる欠点があり、特急型電車も、のちにはもっと平板な形の先頭車に改められてしまいました。

　JR東日本では、この「定員が少なくなる」という欠点には目をつぶって、1994年登場の横須賀・総武快速線用のE217系の運転台背後の部分に、「クラッシャブルゾーン」（衝撃吸収構造）と呼ばれる部分を設けました。これは、車体の中で相対的に壊れやすい部分を造り（もちろん、日常的な使用には十分耐えうる強度を持つ）、衝突時にはそこが真っ先につぶれることで衝撃を吸収するもの。強固に造られた運転台や客室の被害を最小限にするためのしくみです。これは自動車においては一般的な構造で、鉄道車両においても、このとき、初めて採り入れられました。

第3章 快適な通勤や旅を実現する工夫

JR東日本タイプの衝撃吸収構造を備えたE233系。運転台背後の乗務員室扉の部分がクラッシャブルゾーンになっており、衝突時にはここがつぶれて運転台や客室を守ります。

クラッシャブルゾーンのしくみ（E233系）

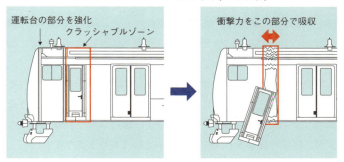

● **JR東日本で広く採用され、他社へも波及**

　JR東日本はE217系に続いて、踏切が多い路線を走るE231系の近郊型タイプ（東海道本線や高崎・宇都宮線などで運用）、さらにはE233系の地下鉄千代田線直通用を除く全タイプにも、クラッシャブルゾーンを広めました。これらの電車は運転台が広く、その分、直後の1枚目の乗降扉と2枚目の乗降扉の間隔が、ほかと比べて極端に狭いという外見上の特徴があります。この部分が混雑しますが、安全にはかえられないという考え方です。

　さらにJR北海道も、731系電車などにクラッシャブルゾーンを採用しました。冬の吹雪などで、見通しが悪くなることが多い北海道には、不可欠な設備との考えです。

　同じく大都市圏を走るJR西日本も、2010年登場の225系電車において、クラッシャブルゾーンをはじめて採用しました。JR東日本タイプでは、乗務員室扉部分に設けられたクラッシャブルゾーンが、前後方向に圧縮されることで衝撃を吸収するのに対し、JR西日本タイプでは、クラッシャブルゾーンを運転台上部（天井部分）に設置。衝突時にはここが壊れ、丈夫に造られている先頭部分（サバイバルゾーン）が、上へとずれるように動くことで、衝撃を吸収するしくみになっています。

　JR西日本のクラッシャブルゾーンは、俗に「ともえ投げ方式」とも呼ばれていますが、顔にかぶったお面を手で上にずらすような動きとでも説明すればよいでしょうか。構造はやや複雑になりますが、客室の面積を削る必要がないという利点があります。

　JR以外では相模鉄道の11000系が、私鉄でははじめて採用しました。この電車は、JR東日本のE233系電車と設計が共通であるため、そのまま採り入れられたものです。

第3章　快適な通勤や旅を実現する工夫

こちらはJR西日本の225系電車（右側）。運転台の上部がクラッシャブルゾーンになっていて、衝撃を上方へと逃がすしくみを採用しています。

クラッシャブルゾーンのしくみ（225系）

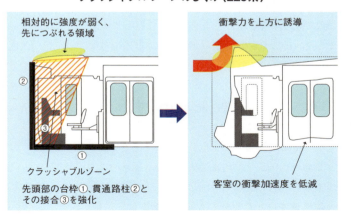

相対的に強度が弱く、先につぶれる領域

クラッシャブルゾーン
先頭部の台枠①、貫通路柱②とその接合③を強化

衝撃力を上方に誘導

客室の衝撃加速度を低減

107

27
地味にすごいホームドア、設置の苦労とは

　最近、首都圏を中心に、電車との接触事故や線路への転落、飛び込み自殺の防止など、安全確保を目的として、ホームドア(可動式ホーム柵)を設置する駅が増えてきています。ホームの基礎部分からの補強が必要になるなど、設置費用の高さが問題ではありますが、それを上回る効果があるとして、急速に普及しているのが現状です。おもな背景としては、2006年に施行された、いわゆる「バリアフリー新法」において、移動円滑化基準の1つに加えられたことがあるでしょう。

　現在のように、一般の鉄道に普及する前にも、新幹線や新交通システムの駅で採用される例が多くありました。日本ではじめての可動式ホーム柵(高さが大人の腰ぐらいのタイプなので、柵と呼ばれます)は、東海道新幹線の熱海駅に設置されたものだと、いわれています。この駅には敷地の都合で通過専用線路がなく、ここで止まらない「ひかり」もホームに接した線路を走り抜けていました。そこで安全確保のため、1974年に取りつけられたのです。同様の設備は1977年に、山陽新幹線の新神戸駅にも設けられました。

　1981年に開業した神戸新交通(ポートライナー)では、無人運転のため、車両だけでなくホームにも乗降扉を設けました。エレベーターと同じ発想で、完全に閉まりきらないと発車できないしくみです。その後、新規開業の新交通システムや1991年開業の営団地下鉄(当時)南北線などでは、ポートライナーと同様に、ホームの線路側をほとんど覆うような大型のドアが用いられています。これが狭い意味でのホームドアになります。

第3章 快適な通勤や旅を実現する工夫

山手線に設置されたホームドア。転落や電車との接触を防ぐ有効な手段として、大都市圏で設置が進んでいます。同線では扉位置を合わせるため、6扉車が4扉車に置きかえられました。

● ホームドア設置に必要な条件

　ホームドアの設置と簡単にいっても、その前提となる条件は、かなり厳しいものがあります。その最たるものが、すべての列車の扉位置がそろっていなければならないことでしょうか。

　新規開業路線など、はじめからそろえることができれば、難しいことではありません。また、山手線のように、走っている電車が1種類だけなら、これも問題にはなりません。

　しかし、1両に3個の扉がある列車と、4個の扉がある列車が混用されている路線だと単純にはいきません。例えば大阪環状線のように快速が片側3扉、普通が片側4扉の電車となっているようなところでは、ホームドアの導入は困難です。ここでは、普通用の電車が老朽化し、取りかえ用の電車が必要になったのを機に、3扉の新型車両（323系）を投入して扉の位置をそろえ、ホームド

ア導入の下地造りを行っています。
　さらに、停車するときは列車の停止位置とホームドアの位置を、きちんと合わせることが必要になってきます。合わせることなく両方の扉を開ければ、車体とホームドアの間に乗降客が入ってはさまれる可能性があり、かえって危険になります。
　ホームドアを本格的に導入した路線では、ATO(p.52参照)など、厳密な位置に停止できる電子装置も同時に整備して、停止位置のずれを小さくするようにしています。しかし、一部の駅にのみホームドアを設置している路線では、高価な装置を整備してもペイできないため、運転士の技量にのみ頼っている例もあります。その場合、ホームドアの開口部を、多少停止位置がずれてもいいように、通常よりやや広めに取るといったことも行われています。
　一方で、座席指定制の特急を運転しているなど、列車の扉の数や位置をそろえられない路線でもホームドアを導入できるよう、さまざまなタイプの「新型」が研究途上にあります。その1つとして、JR西日本は昇降式の開発に取り組み、2014年より六甲道駅などで試験運用を行いました。この方式を本格的に導入したはじめての駅となったのは同社の高槻駅で、2016年3月26日のダイヤ改正とともに完成した新快速用の新ホームで、「昇降式ホーム柵」が使用開始となりました。
　なお、余談ですが…。ホームドアはかなり大きな機械であるため、地下鉄などの既存駅に設置する際、駅の外から搬入するのが難しい場合は、車両基地で営業用の電車に積み込み、最終電車のあとに走らせて運ぶといったことも行われます。ホームドアのみならず、エスカレーターなどの新設工事の際にも、こうした手法が取られることがあります。終電のあとに走る、荷物だけを積んだ電車。たまたま見かけたら、きっと不思議に思うことでしょう。

第3章　快適な通勤や旅を実現する工夫

北海道新幹線新函館北斗駅にもホームドアが設置されました。ここは現時点では終着駅ですが、新幹線では超高速で通過する列車への対策として、先行して整備されています。

JR西日本が試験的に六甲道駅に設置した、昇降式(ロープ式)のホームドア。上下へ移動することで軽量になり、扉の位置が異なる車両にも対応しやすくなっています。

28
もし、列車内で火災が起こったら?

　衝突事故と並んで、鉄道で恐ろしいのは火災。特にトンネル内で起きる火災事故です。1940年に発生した西成線(現・大阪環状線の一部)での脱線火災事故、1951年の「桜木町事故」などは100名以上の死者を出し、社会問題ともなりました。

　もちろん、こうした事故を受けて鉄道側も対策を講じています。やはり車両を燃えなくするのがいちばんと、現在の銀座線(1927年営業開始)などの地下鉄には、燃えやすい木を内装に用いない「全金属車」を採用するところもありました。不燃化に関する安全基準も整えられましたが、対策が十分ではない、古い車両も使われ続けていたところで発生したのが、1972年の「北陸トンネル火災事故」です。大阪発青森行きの急行「きたぐに」が火災を起こし、30名の死者を出したこの事故は、鉄道車両の不燃化を徹底させる、大きな転機となりました。

　現在の鉄道車両には、地下鉄であるなしにかかわらず、燃えやすい材料は一切、使用できません。部品1つ、生地1枚にいたるまで、燃えないこと、燃えにくいことを証明しないと取りつけることができないのです。

　2003年に韓国・大邱市の地下鉄で発生した放火・火災事件によっても、規制はさらに強化されました。以降に新製された電車では、蛍光灯のカバーが省略されるなどしています。

　ただ、大邱市の事故も、2015年に発生した東海道新幹線「のぞみ」の放火事故も、容疑者がガソリンを列車内にばらまいて焼身自殺を図ったことが原因です。こうした可燃物を持ち込んでの放火には、100%完璧には対応しきれない部分が残っているのも、

第3章　快適な通勤や旅を実現する工夫

最近の鉄道車両は、通勤型でも特急型でも変わらず、燃えない、燃えにくい素材でできており、火災に対する安全性を高めています。写真は山形新幹線用のE3系2000番代。

事実として認めなければならないでしょう。

こうしたような事件への対応は、やはり車両の不燃化の徹底のほかに、火災が起きた車両からほかの車両への延焼の防止、乗客の迅速な避難に尽きると思われます。客室内には、非常通報装置と消火器の設置が義務づけられています。また、乗降扉を手動で開けることができる非常用コックも車内には設けられており、その案内も掲げられています。

地下鉄やトンネル内で火災が発生した場合は、北陸トンネル火災事故の教訓から、地上部分へ走り抜けられる位置ならば、停止せず外に出るよう定められています。青函トンネルは、非常に距離が長いため、地上へ抜けられない場合を想定し、消火・避難設備を整えた「定点」を2か所、トンネル内に設置しています。

29
鉄道車両の定期検査は、いつ、どこで?

　鉄道車両も、自動車などほかの交通機関と同様、安全な輸送のため、定期検査を行うことが法令により義務づけられています。国土交通省令では、検査項目や検査の間隔などが基本的な方針として定められています。

　しかし、現在では電子化が進むなどして、メンテナンスの手間を大きく省いても、安全上、問題のない機器類が多く用いられるようになりました。そのため、検査の詳しい内容は、自社の車両の仕様に基づき、鉄道会社が自ら定めてもよいことになっています。各社は国交省へこれを届け出て実施します。

　鉄道車両の検査には、一般的に何種類かの段階が設けられています。

　まず、仕業検査、あるいは列車検査と呼ばれる、日常的な検査があります。これは数日に1回。運転に不可欠なブレーキや台車などを目視などによって点検するものです。場合によっては、消耗した部品を交換することもあります。

　続いて、もう少し詳しい検査として、交番検査、月検査などと呼ばれる検査が1〜3か月に1回程度、行われます。ここでは、各機器類が正常に作動するかどうか、部品を車両に取りつけたまま、検査を行います。

　ここまでの検査は、車両が配置されている車両基地で行うのが一般的です。基地の呼称は「車庫」「電車区」など、鉄道会社によってさまざまですが、車両を管理する場所であることに変わりはありません。夜間など運行しないときは留置し、定期的に検査や清掃なども実施します。

●大規模な検査は「工場」で実施

　例えば、通勤型などの電車は、2～3年に1回程度、日常の運用から外して、「重要部検査」と呼ばれる大規模な検査にかけられます。さらに4～6年に1回程度、「全般検査」と呼ばれる、もっとも徹底的な検査も受けます。これらの検査は、一般に「車両工場」へ車両を入れて行うことになります。

　車両工場も会社によっては総合車両センター、車両所などと名称が異なりますが、いずれにも重要部検査、全般検査を実施できる設備が整えられています。鉄道車両を新製する場合は、専門のメーカーに発注するケースがほとんどなので、鉄道会社で「工場」といえば、検査を行う整備工場を指します。

　重要部検査では、車両の走行、ひいては安全に深くかかわるブレーキ、台車、モーター（主電動機）、主制御器、パンタグラフな

鉄道の安全を保つためには、日常的な検査は欠かせません。運行に入る前には車両基地において、主要部分に異常がないか、目視で点検が行われます。

どを一度、車体から取り外して、劣化や故障がないかを調べ、不具合があれば修理や交換を行います。新幹線では、検査済みの台車に交換することで、すぐ運用に復帰させるといったことも実施されています。

　さらに全般検査では、ほぼすべての機器類を取り外して、より綿密に検査を行います。車両工場の一般公開の際、天井クレーンによるつり上げの実演は、ダイナミックなため人気があるイベントですが、本来は、重要部検査、全般検査の際に、台車と車体を切り離して別々の場所で検査を行うための作業です。

　そのほか、重要部検査、全般検査の際には、車体の再塗装、インテリアや客室設備のリニューアル工事、あるいは新しい機器類への交換による性能改善工事、老朽化した外板などの交換・更新工事といった、車両のリフレッシュや改造も同時に施されることがあります。新車でもないのにピカピカになって走っている電車は、検査を済ませて工場から出てきてすぐのものなのです。

　車両工場に入ってから検査が終了するまで、目安として10日〜2週間かかります。蒸気機関車の場合は、わずかな両数が保存運転の形で残っているだけなので、検査ができる施設も限られており、かつメカニズムも非常に複雑なため、今は約半年間も工場に入れて、検査や修理を行うのが普通です。

　検査で工場に入っている車両は、もちろん営業には使えませんので、その間の埋め合わせができるよう、鉄道会社は毎日使わなければならない車両の数より多めに車両を保有し、検査に備えておきます。万一の故障などの際にも、かわりの車両が必要です。こうした車両を予備車と呼び、複数、在籍している列車編成のうち1本を、交代で「この日は予備として車庫で待機」というぐあいにして、ローテーションさせています。

第3章 快適な通勤や旅を実現する工夫

鉄道車両の大規模な点検は、おもに「車両工場」などで行われます。JRや大手私鉄では、多数の車両に対応するため、広大な敷地に設けられています。写真は、東京総合車両センター。

車両工場内ではクレーンなどを用いて車両の部品を外し、徹底的な検査が行われています。機械化、電子化も進んでいますが、担当者の経験に頼る部分もまだ大きいものがあります。

30
苦労だらけのメンテナンスも徐々に効率化

　以前の鉄道車両は、「すり減る部分」がかなりたくさんありました。蒸気機関車の各部品を筆頭に、例えばディーゼルエンジンのピストンや、直流モーターのブラシなどは、常に綿密な検査と部品交換が必要でした。

　しかし最近では、パワーエレクトロニクス（電力変換・制御）の進化により、最新型の電車では、搭載されている機器類の大半を電子機器が占めます。そこで、すり減る部分はパンタグラフが架線と接触する「摺り板」の部分、車輪に押しつけられる制輪子（ブレーキシュー）、そしてレールと常に接している車輪そのものだけ、とまで俗にいわれるようになりました（実際には乗降扉の開閉装置など、もう少し多くあります）。

　また、モニター装置と呼ばれる、機器が正常に動作しているかどうかを運転台で集中的にチェックできる装置が開発され、車両に搭載されるようになりました。機器の信頼性や耐久性が大幅に向上した結果、保守（メンテナンス）や検査の手間や費用も大幅に減ったのです。

　検査内容が減ったのに、法令で決まっている検査項目や検査周期が昔のままでは実態に合いません。そこで2002年に国土交通省令が改正され、客観的に安全が証明されれば、鉄道会社が独自の検査項目などを定めてもよいようになりました。

　約1万両と、日本でいちばん多く電車を保有しているJR東日本では、検査費用1つとっても莫大な金額になります。それゆえ、経営方針として、車両の新製から定期検査、廃車までのライフサイクルを全面的に見直し、検査についても最新型の電車（具体的

第3章 快適な通勤や旅を実現する工夫

最新の鉄道車両では電子化が進み、各機器の状態もコンピューターで記録、チェックできるようになりました。検査方法も時代に合わせて、少しずつ変わりつつあります。

には、京浜東北線に1993年から投入された209系以降)より、あらかじめ「寿命」と定めた期間中は、大規模な分解検査は基本的に不要としたのです。

 ただし、もちろん各機器は時間がたつにつれて劣化し、機能が落ちてゆくもの。そのため部品類の寿命を把握した上で、適切なサイクルで検査・交換ができるよう、走行距離、あるいは使用期間が規程を超えないうちに、従来の各種検査にかわる「保全」と呼ばれる作業を定期的に実施しています。

 この保全のサイクルも、技術の進歩や部品寿命の研究が進んだのに応じて、常に見直され続けています。例えば、従来は10年程度とされていた主制御器(VVVFインバータ装置)の交換時期も、今では15年程度まで延ばされています。

31
何かと話題の「ドクターイエロー」って?

「黄色い新幹線」と、ときにSNS上を騒がせる「ドクターイエロー」は、「見たら幸せになる」という噂まで立てられるほど。鉄道に特に興味がない人からも注目を集めているようです。

この列車の正式名称は「新幹線電気軌道総合試験車」といいます。東海道・山陽新幹線の軌道(線路)、架線、信号、保安装置などが正常な状態に保たれているかどうかを検査するための特殊な車両なのです。JR東海、JR西日本が1本ずつ、同じものを所有しています。

もちろん、新幹線以外の鉄道でも、こうした設備の保守点検は安全運行のためには欠かせません。多くの鉄道会社では、点検作業は終電後の深夜に行われています。

けれども新幹線では、200km/h以上で走る営業列車と同じ速度で走っている状態で、例えばATCなどの設備が正常に動作するかを確認しないと、状態を見誤るおそれもあります。そのため、1964年の東海道新幹線開業時から「走りながら検査・測定ができる車両」が導入されていました。それが、一般の営業用の列車と区別するため外観を黄色に青帯としたこと、そして、検査から医師が連想されたことから、ドクターイエローと「あだ名」がついたのです。

1本の列車で線路・電気・信号のすべてを検査できる車両は、山陽新幹線博多開業を控えた1974年に登場。この頃から、ドクターイエローと呼ばれ始めたようです。現在の車両は2代目で、2000年と2005年に製造された計2本が交互に使われています。検査はおよそ10日に1回のペースで、東京〜博多間を往復して行わ

近ごろ人気が高い「ドクターイエロー」。都市伝説はともかく、その正体は、超高速で走行しながら線路や架線、信号などを検査・測定できる、高性能な検査用車両です。

れていますが、運行ダイヤは非公開です。

● **他社にもある「検測車」**

　ドクターイエローばかりが注目されていますが、JR東日本も同様に、超高速で走りながら検査が行える車両を所有しています。「ミニ新幹線」である山形・秋田新幹線およびJR北海道の北海道新幹線を含む、同社の新幹線の線路・電気・信号を検査しているものです。この列車は白地に赤帯をしており、「East i（イースト・アイ）」と愛称がついています。

　JR東日本には在来線用総合検測車もあり、新幹線用とイメージを統一した、白地に赤帯の外観をしています。これには電車タイプの「East i-E」と、気動車タイプの「East i-D」の2本があります。iはinspect（検査するという意味）の頭文字ですが、「愛」の意味もかけられています。

JR東日本の総合検測車「East i」。外観は異なりますが、その機能はJR東海、JR西日本の「ドクターイエロー」と同じで、やはり超高速で走りながらの検測を行います。

こうした「営業列車と一緒に走りながら検査できる車両」は、深夜でなくても業務が行えることから、担当する係員の負担が軽くなります。深夜に使う保守用の車両とは違い、速度も通常の列車と同じで、長い距離を効率よく検査できます。会社としても時間外手当の必要がなくなるため、新幹線以外でも、導入を図る鉄道会社が増えています。

　例えば東急電鉄では、ドクターイエローと同様に、1本で線路・電気・信号の検査ができる、愛称「TOQ i」を持っています。これも一般の電車とは違う派手な外観をしているので、沿線住民には人気があるようです。

　このほかにも、小田急電鉄の線路や架線の検査ができる「TECHNO-INSPECTOR」、相模鉄道の架線検査用の「モヤ700形」、近鉄の電気・信号計測車「はかるくん」などがあり、ときに目撃されると話題になります。

私鉄でも、営業列車と同じ時間帯に走りながら検測ができる車両を持っている会社があります。写真は、相模鉄道の架線検査用車両モヤ700形。

Column

特急型電車の座席はこう進歩してきた

　今でこそ、特急の座席は普通車でも（グリーン車などでなくても）、リクライニングシートが当たり前です。

　そもそも、国鉄の3等車（現・普通車）に2人がけ座席が導入されたのは、1951年に誕生したスハ44形が最初。1958年に運転を開始した東海道本線の特急「こだま」もスハ44を踏襲して、3等車に2人がけの回転式シートを採用し、その後の国鉄の標準となりました。一方、1964年開業の東海道新幹線では、背ずりが前後に転換する方式の座席が普通車に採り入れられています。

　普通車にリクライニングシートが取りつけられたのは、1972年の183系電車がはじめて。しかし当初は、1段階だけ傾くもので、背中に体重をあずけていないと元に戻ってしまい、あまり評判はよくありませんでした。

　国鉄の普通車に本格的な、フリーストップ式リクライニングシートがお目見えしたのは、1985年の100系新幹線電車が最初といってもいいでしょう。2階建て車両だけでなく、普通車の居住性を改善したという意味でも、画期的な電車だったのです。

JR東日本E353系の普通車の座席。リクライニングシートが当たり前になっています。

新幹線0系の座席。国鉄時代の普通車は、リクライニングする方が珍しかったのです。

第4章
まだある！誰かに話したくなる鉄道知識

32
改札のICカード、「非接触型」で「タッチ」!?

　首都圏や近畿圏といった巨大都市圏のみならず、日本のおもな都市では、鉄道に乗るとき、改札口で「ピッ」とICカードを自動改札機にタッチするのが当たり前になりました。

　現在のICカードは「非接触型」と呼ばれる方式が主流です。これはカード内のICチップと、自動改札機などの読み取り機との間で通信を行い、カード内に記録された金額から、運賃の差し引きや積み増し（チャージ）をする方式。いちいち機械にカードを差し込む手間がないため、利用者が手軽に使えるシステムとなりました。

　無線で通信するため、理屈の上では、読み取り機にタッチしなくても大丈夫です。その距離は、約1cm以内であればよいとされます。「かざす」だけでも、問題はありません。無理に触れさせる必要はないので、慣れていれば、定期入れやバッグなどにICカードを入れたままタッチしてもよいのです。

　ただ、確実な読み取りを行うため、PR手法として考えられたのが「タッチしてください」というアナウンスなのです。感覚的には、読み取り機の上に一瞬、置くようにすれば、間違いありません。「1秒間、タッチを」ともPRされています。

　最近ではさすがに減りましたが、野球での走者へのタッチしか連想できないのか、読み取り機へ力任せにたたきつける人がいます。もちろん、ICカードのシステムから考えると、これは何の意味もないことです。

　ちなみに、自動改札機は1台1000万円ともいわれています。もし壊しでもしたら「どうなることやら」です。

ICカードの上面図と断面図

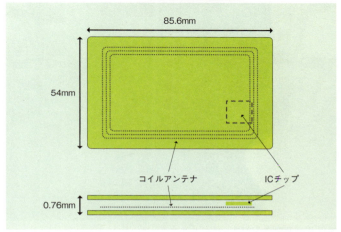

ICカードの中には超小型ICチップとコイルアンテナが組み込まれているので、自動改札機などとの間で通信ができるのです。ICチップは携帯電話などに内蔵させることも可能です。

自動改札機との情報交換

自動改札機などに組み込まれた読み取り装置とICカードとの間の情報交換は、微弱な電波を使って行われます。そのため、完全に接触させなくても通過することが可能なのです。

最近の大都市圏の駅の改札口では、「ICカード専用」の自動改札機が目立つようになりました。紙のきっぷは通せないため、各社とも案内には工夫をこらしています。

自動改札機に組み込まれたICカード読み取り装置。商店に置かれた電子マネー用の読み取り装置も、基本的に同じものです。残額表示は、最近の機種では手前に移っています。

● ICカードは「自分のものではない」!?

　ICカードが公共交通機関に導入された始まりは、意外にも1997年、静岡県磐田郡豊田町（現在は磐田市に合併）の町営バスです。鉄道では、1998年にスカイレール（広島県）が、定期券をICカード化したのが最初です。

　全国に広まったのは、2000年に通称「サイバネ規格」と呼ばれる共通規格が定められてから。そして、2001年にJR東日本が「Suica」を導入し、大きく発展したことはご存じの通りです。この共通規格のおかげで、今ではJR各社や私鉄・公営交通のおもなカード、10種類が全国共通で使えるようになっています。片利用といい、「○○のカードは△△のエリアでも使えるが、△△のカードは○○のエリアで使えない」こともあります。システムが同じであるため、精算について事業者間で合意さえできれば、ICカードを共通化できるのです。

　鉄道会社のICカードを、対応するコンビニなどの商店で電子マネーとしても利用するのも、今ではおなじみでしょう。これも全国共通化が進んでいます。しくみは自動改札機と同じで、記録された金額から、購入したものの値段が自動的に引き落とされるだけのことです。

　さて、SuicaなどのICカードは、実は「自分のものではない」といわれたら、驚くかもしれません。安易な使い捨てを避けるため、これらのカードは鉄道会社などから貸与される形を取っているのです。規約上、所有権はあくまで、発行した鉄道会社側にあります。そのため、デポジット（保証金）として、一般的には500円が、手に入れる際に加算されています。このデポジットは、運賃などに充当することはできませんが、カードが不要になって返却すれば戻ってきます。

33
列車は最短、何分間隔で走れるもの？

　首都圏の朝の通勤時間帯には、どの路線でも「ひっきりなし」といってよいほど、次々に列車が発着します。例えば、山手線の場合。ラッシュのピークでは2分20秒間隔、1時間あたり約25本の運転です。東京メトロでは、銀座線が約2分間隔で運転されています。そのほかの大手私鉄などでは、一概にはいえませんが、やはり3分以内という間隔が普通です。1時間あたり20～25本前後というのが一般的でしょう。

　こうした間隔での運転は、もちろん、運行の安全を確保することを大前提として実施されています。列車の運行時刻は、ダイヤグラムと呼ばれる表を作って決められますが、その際、先行列車に追突することがないよう、すべての列車の運行を、1本1本、厳しい安全基準にのっとって設定します。

　その路線で設定できる最大限の運転本数（線路容量）は、線路設備によって決まってきます。閉塞（p.86参照）を確保することが、まず第一。もちろん先行列車の遅れによって赤信号で止められることはありますが、ほかの列車がいる閉塞区間に入り込むことが絶対にないよう、運転時刻が決まっているのです。

　また、「この区間をどのように加速・減速し、どれだけの時間で走るか」は、車両の性能によって異なってきます。その路線を走る可能性がある、性能が異なる車両ごとに、運転曲線というものが定められ、それがダイヤ設定の基礎になっています。

●「過密ダイヤ」というものはない
　つまり、運転間隔は車両の性能に基づき、赤信号の前でどれ

第4章 まだある! 誰かに話したくなる鉄道知識

高頻度運転路線の代表である東京メトロ銀座線。列車の編成が短い（定員が少ない）ため、短い間隔で運転できます。むしろひんぱんに運転しなければならないという一面もあります。

山手線はJRのみならず、日本を代表するような高頻度運転路線。それを支える線路や信号設備があればこそ、短い間隔で列車を運転できることを忘れてはなりません。

だけ「安全に」、つまり「乗客が安全に車内で過ごせるような減速度で」止まれるかによって、決定づけられます。以前は省令によって、最高速度で走行中、非常ブレーキをかけてから600m以内で停止できることという定めがありました。これはすでに撤廃されていますが、1つの目安としては今も使われます。

　そして、その路線の線路容量は、線路の設備、とりわけ信号設備によって決まります。閉塞の確保が大前提なのですから、それを守る信号が最重要となるのは想像にかたくありません。

　すべての列車は、信号によって客観的にコントロールされ、車両性能に基づいて走っています。車間距離をぎゅうぎゅうに詰めようがどうしようが、めいめいが勝手に(!?)運転し、運転する人間の自己判断で安全を守っている自動車とは、安全を守るしくみが根本的に違います。

　よく「過密ダイヤ」という言葉が使われますが、これは果たして正しい見方なのでしょうか？

　何度でもいいますが、線路設備がダイヤ設定の大前提です。逆にいえば、1時間25本が運転されている路線では、25本が安全に運転できるだけの設備、そして、それに対応できるだけの性能を持った車両が整えられ、そろえられているのです。

　そして、線路容量は路線によって異なります。1時間25本の路線もあれば、1時間1本しか運転できない路線だってあります。その25本なり、1本なりの安全はすべて確保されています。ですから、25本運転されている路線が、「危険」というイメージで「過密」と呼ばれるのは、まったくの的外れです。「25本だから過密、1本だから過密ではない」といった話を、線路容量を把握せずにするのは意味がありません。

「線路容量」を超えて、列車が設定できない理屈

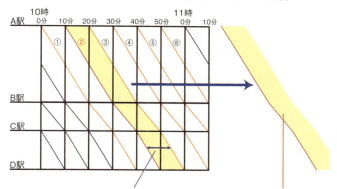

後続の列車は、先行列車に対して、安全が保てる間隔で設定されます。その間隔は、信号などの線路設備によって決まります。例えば、この路線の場合は間隔を10分とすると、線路容量は片道6本/時。そこまでは安全に走ることができます。

つまり、閉塞区間により、ほかの列車をシャットアウトした「ブロック」が作られることによって、1本の列車の安全が保たれているのです。

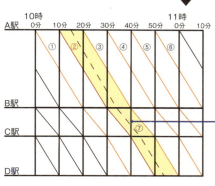

ところが、7本目の列車は、絶対に設定できませんし、走れません。なぜなら、先行列車がふさいでいる閉塞区間によって、シャットアウトされるからです。この路線という「箱」に、「ブロック」を6個までは、きちんと入れることができます。そこまでの「容量」はあります。しかし、7個目は入らないのです。

34
開かずの踏切、どうにかならないの？

　国土交通省では、ピーク時の遮断時間が1時間あたり40分以上になる踏切を「開かずの踏切」と呼び、対策が必要としています。朝の忙しいときに限って、なかなか踏切が開かずに道路交通が遮断されるのは大きな問題と認められているのです。

　根本的な対策としては、踏切の廃止、つまりは立体交差化となります。これは、「鉄道線路による街の分断の解消」という意味から、街づくりとも大きく関連してくるため、地元自治体が主導し、鉄道会社も協力して実施されることが、今ではほとんどです。そして、踏切を複数まとめて廃止する方が効率的なので、「連続立体交差化事業」と称し、ある程度の距離の区間を高架化、あるいは地下化することが一般的に行われます。これには、長期間の工事と、大きな費用が必須となりますが、私企業である鉄道会社の利益（収入増）には直接、結びつかない側面もあるので、公的な援助が不可欠になっています。

　連続立体交差化は大きな事業であり、なかなか実施できません。そこで、当面の対策として、踏切の遮断時間を極力短くするシステムを導入することもあります。

　それは、会社によって名前は違ってきますが、一般には「列車選別装置」と呼ばれるものです。運転台で急行、普通などの「列車種別」を設定すると、駅を通過する列車は早めに踏切が鳴り出し、駅に停車する列車は踏切が鳴り出す時間を遅めにするといった加減をします。

　国土交通省の省令では、遮断機で踏切が閉まってから、列車通過まで20秒あけるのが標準です。

第4章 まだある! 誰かに話したくなる鉄道知識

鉄道の弱点は踏切。特に、交通量が多い道路との交差では、しばしば開かずの踏切になり、渋滞の原因になります。自動車との衝突事故も懸念されます。写真は、東急世田谷線の踏切。

抜本的な解決策として、鉄道と道路の立体交差化が進められています。複数の踏切を一気に解消する連続立体交差化という手法が主流です。写真は阪急淡路駅付近の高架化工事。

35
線路の小さな石が騒音吸収に大活躍!

　高架化された鉄道では、ときに周辺への騒音が問題になることがあります。住民との間で、長期間の訴訟になった例もあります。

　鉄道側でも騒音対策は進んでおり、特に超高速運転であるため大きな音を出しがちな新幹線では、0系などの時代と比べて、はるかに静かになりました（p.42参照）。

　一般の鉄道でも、両脇に防音壁を立てるなどの対策が取られてきましたが、最近では線路からの対策が進んでいます。首都圏の住宅密集地を走る小田急電鉄や東急電鉄などでは、騒音を吸収する効果がある高架構造を採用しています。

　また、線路の下には通常、「バラスト」という、大人のこぶしぐらいの大きさの石を敷き詰め、クッションとしています。わかりやすい例としては、これをもっと小さな石にして、スポンジのように音を吸い込むようにしていることもあります。地上と違い、コンクリートの枠の上を走る高架橋では、細かい砂利が風雨でながれ出す心配をしなくてもよいため、採用されているのです。

　一方、車両の面での対策としては、最新式車両に採用されている、低騒音型の主電動機（モーター）があげられます。これは、完全に密閉した構造としたもので、回転するときの騒音の外への漏れ出しを減らすことを、おもな目的の1つとして開発されました。電磁石を使用する従来型では発熱が避けられず、風を通す経路を確保したり、ファンによって強制的に通風したりしていました。けれどもこのタイプでは、永久磁石を使用することによって発熱を抑え、密閉することが可能となったのです。騒音防止のほかに、メンテナンスの手間が省けるといった効用もあります。

第4章 まだある! 誰かに話したくなる鉄道知識

最近の高架区間では、騒音を低減する構造の線路がよく採用されています。レールの下に細かい砂利のような石(消音バラスト)が敷き詰められているのが特徴です。

低騒音型のモーターを装備した電車が、ここ数年、増えています。写真の東京メトロ16000系のように、走行音が大きくなりがちな地下鉄で、積極的に採用されています。

36
走行中、途切れずネットに接続する不思議

　東海道・山陽新幹線では、インターネットが普及する以前から列車内に公衆電話があり、自由に列車外と通話ができました。これは、沿線に漏洩同軸ケーブル(LCX)という、電波が漏れ出す穴をところどころに設けたケーブルを張りめぐらし、列車との間で無線通信を行えるようにしたため、可能となったものです。

　東京～新大阪間のN700系車内で可能な無線LANによるインターネット接続も、このLCX網を利用したものです。デジタル化によって通信容量に余裕ができたため、実現しました。ただ、限られた容量を新幹線の列車1本の乗客(満席の場合は約1300人)で分け合うことになるので、動画など容量が大きな通信を行う乗客がいると、速度が遅くなります。

　国内の鉄道ではほかに、JR東日本の特急「成田エクスプレス」(E259系)や「ひたち」「ときわ」(E657系)などの車内で、やはり無線LANによるインターネット接続が可能となっています。京王電鉄では、すべての電車内で無線LAN接続ができるよう、機器類の整備を進めています。特急のみならず、通勤電車の中であっても、スマートフォンやタブレット端末を使ってインターネットに接続する人が大幅に増えたことに対応した施策です。今後は、他社にも広まることが予想されます。

　これらは屋根上にアンテナを設け、沿線の基地局からの電波を受ける方式です。それゆえLCX方式とは違い、トンネル内などで利用しづらくなるケースもありますが、地上設備が特にいらず、環境の整備が安く、簡単にできるというメリットもあります。

第4章 まだある！誰かに話したくなる鉄道知識

車内でインターネット接続が可能な、JR東日本の「成田エクスプレス」用E259系。車体に取りつけられたアンテナで、直接、基地局からの電波を受信する方式です。

LCX方式の通信例

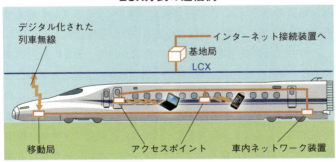

東海道新幹線の場合、沿線のLCXと、車両先端部にある「移動局」との間でデータの送受信が行われます。各車両にはアクセスポイントがあり、乗客はアクセスポイントに自身の端末を無線LANで接続して利用します。

37
単なるパネルではない「車内情報案内装置」

　列車に乗っていて、「あれ？　今、どこを走っている？」「次の駅はどこだ？」と、戸惑うこともあろうかと思います。乗る前ならば、駅の発車案内表示や、列車の前面・側面に掲げられた行き先・種別などを確認することもできます。しかし以前は、一度乗ってしまうと、車掌の車内放送ぐらいしか情報源がありませんでした。

　そのため、分割・併合列車（1本の列車が途中で2本以上に分かれたり、逆に1本にまとまるように連結される列車）などでは、誤乗が絶えませんでした。そこで、客室内にも行き先を掲げておく例が、新幹線開業前の東北地方の急行列車などで見られました。このあたりが、「車内情報案内装置」のルーツといえるでしょうか。

　東海道・山陽新幹線の「2階建て新幹線」として知られていた100系は、さまざまな点で画期的な電車でした。客室内（出入口上の鴨居の部分）に、次の停車駅をプラズマディスプレイ方式で表示したことも、大変、目新しく感じられたものです。

　この方式は国鉄末期からJRの初期にかけて、おもに特急列車に普及。さらにLED式（p.68参照）とかわり、消費電力が抑えられ、スクロールや点滅などの表示方法が可能になりました。この「文字による案内」が多くの列車で採用され、現在でも、さまざまな客室内で見ることができます。ほかにも、東京メトロ銀座線用01系など、路線図に組み込まれたランプで、現在位置や進行方向などを表す方式もあります。

●多彩な表示が可能な液晶ディスプレイ式

　LEDにかわって、2000年代に入った頃から普及し始めたのが、

乗降扉上に取りつけられたLCD式車内情報案内装置の例。右側が停車駅など列車の案内、左側が鉄道会社からのお知らせや遅延、運転見合わせの情報となっているのが定番です。

液晶ディスプレイ (LCD) 式です。少し先行して、大型液晶テレビが家庭用として普及し始め、追って携帯電話用などの小型化が進んだことに、まるで合わせたかのようなタイミングでした。

液晶式の利点は薄くて軽く、テレビに用いられるぐらいですから、多彩な表現が可能であること。そして視認性がよいこと。取りつけスペースが限られ、混雑するという車両には、もってこいの方式なのです。

現在、主流となっているのは、通勤型電車の乗降扉上に1台ないし2台のLCD式車内情報案内装置（呼び名は会社によって異なる）をつけるというもの。奥行きがない場所にはLCDが適していることを示す、好例といえましょう。

乗客に案内される内容としては、次の停車駅、これから先の停車駅と現在地からの所要時間、運転見合わせや遅れの情報、エス

カレーターといった駅ホームの設備などがあります。2台取りつけている車両では、片方でこれらを表示し、もう片方では鉄道会社からのお知らせや動画広告などをながすことが、おなじみになっています。特に運転に関する案内の方では、画面の切りかえやすさをいかして、日本語だけでなく、英語などの外国語も容易に表現できます。特急型電車では、列車前面の車窓をカメラで撮影し、ながしているものもあります。

乗客は手持ち無沙汰になりがちなので、列車内の広告は注目度が高く、広告料も一般の看板広告などと比べて、高めに設定されます。動画が可能となれば、さらに広告の効果が高まり、鉄道会社にとってはよい収入源になります。

そこで各社とも力を入れているのですが、JR東日本のE235系(山手線用として今後、量産することになる車両)では、新しい試みとして、紙の中づり広告を廃止するのではと話題になったことがあります。これは、車内に多数取りつけたLCDを、デジタルサイネージとして利用し、新しい広告表現を可能にするというもの。のちに、中づり広告は広告主側からの要望もあって存続することになりましたが、今後、LCD式車内情報案内装置が、単なるお知らせツールにとどまるようなことはないでしょう。

装置の取りつけ場所も乗降扉の上から離れ、E235系では荷物棚の上の部分にも取りつけられています。客室内の天井からつり下げる方式も見られるようになっています。おもにJR西日本の新型電車で採用されていますが、この場所だと、クロスシート(p.74参照)の車両に設置しても、車内が立客でいっぱいになったとしても、見やすいという利点があります。数も増やされており、新快速などに使われている225系では、1両あたり12台(面)も設置されています。

第4章 まだある！誰かに話したくなる鉄道知識

JR西日本がおもに採用している、天井からつり下げる方式。クロスシート車でも見やすいことのほかに、取りつけ場所の幅が広がるという利点もあります。

山手線用の新型車両E235系で採用された、「デジタルサイネージ」。多彩な表現を可能とするものとして期待され、従来の紙の車内広告にかわるものとして採用されました。

38
寒さや雪とたたかう北海道の鉄道車両

　北海道の気候や風土は、本州以南とは大きく異なる、独特なもの。よく知られているのが、さらさらの「パウダースノー」です。氷点下20℃を下回ることすらある、寒冷で乾燥した冬の空気が生むものですが、これが鉄道車両にとっては大敵。列車が走ると簡単に舞い上がります。そして、電気系統に入り込み、溶けてショートを起こしてしまうのです。

　ほかにもあります。乗降扉が凍りついて動かなくなってしまう、運転台の窓に雪が付着して前が見えなくなる、車体についた雪が固まって氷になり、落ちて跳ね返って列車の窓ガラスを割る、トイレや洗面所の給排水系統が凍りつく…。こういった低温、雪、氷による害を、北海道の車両は冬が来るごとに受ける可能性があるのです。

　しかし長年、酷寒の地で列車を走らせてきた経験から、今ではこうした被害への対策は整っています。電気系統は完全に密閉できる構造にし、乗降扉にはヒーターを設けて凍りつかせません。運転台には雪を跳ね飛ばす回転窓や、やはり熱によって雪を付着させない窓ガラスをつけます。客室窓にはポリカーボネート(p.40参照)を使用。給排水系統では、冬季の夜間の水抜きを可能に…。北海道の鉄道車両は、このように徹底した「耐寒耐雪構造」になっているのです。

　昔は、乗降扉部分と客室を仕切った構造の車両が普通列車用であっても当たり前で、ある意味、「北海道名物」になっていました。しかし札幌圏では混雑が激しいため、この仕切りがない電車(731系、733系など)が今では多く走っています。

第4章 まだある! 誰かに話したくなる鉄道知識

北海道は、本州とは異なる独特な酷寒地であるため、鉄道車両も十分な耐寒耐雪構造とする必要があります。写真は札幌都市圏で活躍する731系電車。

733系の車内。乗降扉部分と客室との仕切りがなく、他の大都市圏の電車と似ていますが、開閉する扉部分にはエアカーテンが設けられているなど、万全の保温対策が施されています。

39
夜行列車はどうして少なくなった？

　JR各社が1987年に発足したときには、1日に23往復の寝台特急、14.5往復の夜行急行、1往復＋片道運転の夜行普通列車3本が走っていました。毎日運転される列車だけでもそれだけの数で、旅行や帰省シーズンともなると、もっと多くの臨時列車が運転されていたのです。それが今では、毎日運転される列車は、寝台特急「サンライズ瀬戸・出雲」（東京～高松・出雲市間）1往復だけ。あと、若干の臨時列車があるのみです。

　どうして、こうなってしまったのでしょうか？

　原因についてはさまざまに語られていますが、旅行者のニーズに合わなかったことが、やはり根本的な要因だと思われます。夜行で旅しようとなると、揺れる列車内でひと晩、何時間も過ごすことになります。寝台車はありますが、日常と違う環境ですし、なかなか身体が休まらないと感じる人も多かったことでしょう。昔はほかに手段がなかったため、「やむなく」夜行に乗っていた人は、飛行機（特に地方空港）や新幹線の整備が進んだことにより、さっさと移行してしまったに違いありません。

　JR各社も、利用者が減ってしまえば、新しい設備投資をして夜行列車を改良しようとは考えづらくなります。ニワトリと卵ですが、国鉄の末期から「夜行列車離れ」は始まっており、それに対抗するための豪華化（おもに個室寝台化）が手がけられていました。しかし、あまり徹底はせず、JRになってから登場した新しい寝台列車は「カシオペア」と「サンライズ瀬戸・出雲」だけにとどまっています。

　夜行列車廃止の傾向は、2000年代に入ると顕著になってきます。

第4章 まだある! 誰かに話したくなる鉄道知識

2016年まで定期的な運行を続けていた「カシオペア」。北海道新幹線開業の影響もあって、運転が取り止められ、車両はクルーズトレインに転用されました。

2016年7月現在、毎日運転される唯一の夜行・寝台列車となった「サンライズ瀬戸・出雲」。JR西日本とJR東海が同じ車両を所有し、共通に運用されています。

国鉄時代に製造された寝台車が、そろそろ耐用年数を迎えるようになり、新型車両が投入され続ける新幹線や昼行特急と比べると、見劣りするようになってきたこと。安価で質の高いビジネスホテルチェーンが全国展開を始めたこと。そして好景気が去り、「安さ」を求める層は、急速に発展した夜行高速バスへとながれたこと…。夜行列車に対するそんな逆風が、吹き荒れた時代でした。需要が減れば、ますます積極的な設備投資は行えなくなります。悪循環が断ち切れないレベルまで達してしまったと、考えるしかありません。

このように夜行列車がなくなっていく状況は、実は日本ばかりではなく、同じく鉄道先進地帯である西ヨーロッパでも現れています。わが国と同じような事情があると、推察されます。

●輸送力確保が優先されたブルートレイン

青い車体が特徴であった国鉄の寝台列車は、「ブルートレイン」という愛称で親しまれてきました。その元祖は1958年に東京〜博多間の「あさかぜ」で運転を開始した20系客車です。

20系には豪華な個室A寝台車や食堂車が含まれており、画期的だった完全冷房化も達成したことによって、国鉄の最高級列車としての地位をほしいままにしていました。しかし、編成の大半を占めるB寝台車は、寝台幅52cmの3段式で「横になれればよい」といった程度のもの。ちなみに最新の通勤型電車の1人あたりの座席幅は46cmが標準ですから、その狭さが察せられます。

1950〜1960年代の国鉄は、高度経済成長期に入り、右肩上がりで増え続ける需要に応じるだけで精一杯の時期。「とにかく輸送力を確保しなければならない」と、多少居住性を犠牲にしてでも、1両あたりの定員を増やすことが、当時の常識でした。

その後、国鉄の寝台車では電車の583系、客車の14系・24系と改良が重ねられ、さすがにB寝台の幅は70cmやそれ以上に広げられました。しかし反対に、利用が少なかった個室A寝台は減る傾向にありました。1974年には、B寝台を2段式にした24系25形が登場しています。ただ、こうした改良は定員の減少も意味しています。つまり、1970年代には、夜行列車の衰退傾向が、すでに現れていたのです。

1988年の青函トンネル開業と同時に運転を開始した、上野〜札幌間の「北斗星」が、最後の「花」であったでしょうか。やはり豪華な個室A・B寝台車や食堂車が大きな話題を呼び、「北斗星ブーム」まで起こっています。しかし、飽きられると衰退も早く、北海道新幹線工事を理由に削減が続き、2015年に全廃されてしまいました。

「ブルートレイン」と呼ばれた、青い車体をした寝台列車も、もうすべて廃止となってしまいました。写真は大阪〜青森間を走っていた特急「日本海」。

40
あの長い貨物列車は何を運んでいる？

　1984年2月の国鉄のダイヤ改正まで、さまざまな種類の貨車を雑多に連結した貨物列車を、全国いたるところで見ることができました。当時は、操車場ごとに長時間停車して、貨車の入れかえを行いつつ走るという方式が採られていたものです。操車場と、その近隣で貨物を扱う中小の駅との間で「集配」のための貨物列車が走り、末端の貨車1両単位での輸送を担っていました。

　しかし、自動車輸送が発達し、国鉄の貨物扱い量が大きく減ってしまうと、このやり方は手間がかかりすぎて非効率ということになります。操車場や多くの中小の貨物取扱駅もろとも全廃されてしまい、「拠点間輸送」へと切りかえられました。

　これはコンテナ輸送を1つの基本としたもの。送り先の貨物駅まで直行する列車がない場合は、途中で別の列車に積みかえる、あるいは一部のコンテナ貨車を別の列車につなぎかえるといったことも行われますが、基本は操車場を経由しない、「A貨物駅発・B貨物駅行き」としての直行運転です。荷主の元で貨物が積まれたコンテナは、運送業者のトラックで貨物取扱駅まで運ばれ、「コンテナ列車」で目的地の駅までまとめて輸送されます。

　このため現在のコンテナ列車は、すべての貨車がコンテナ車からなり、見た目は昔と比べて非常にシンプルです。ただ、コンテナ自体にはJR貨物が所有しているもののほかに、私有コンテナといって、運送会社が所有しているもの、荷主の企業が所有しているものもあります。カラフルなデザインが施されているものも多く、コンテナ列車に華やかさを添える存在です。

　なお、コンテナ列車は、高性能な機関車の牽引によって、高速

第4章　まだある! 誰かに話したくなる鉄道知識

現在の貨物列車の主流は、コンテナに貨物を積んで専用貨車に載せる「コンテナ列車」。東海道・山陽本線などでは、機関車が牽引する長い列車をしばしば見ることができます。

もう1つ、大切な貨物列車の種類が専用貨物列車。石油製品やセメントなど、1つの品目だけを専用列車で運びます。写真の列車は石油製品を運ぶタンク車を連ねています。

輸送が可能になっています。最高速度110km/hの列車も運転されています。また、1本につき26両のコンテナ車を連ねた列車が最長となります（運転できる路線は東海道本線など一部に限られます）。これには、標準的な12フィート級のコンテナ130個（1300トン）を積むことができます。

　貨物列車にはそのほか、「専用貨物列車」と呼ばれるものもあります。これは、石油製品やセメントなど、1つの品目の貨物をまとめて運ぶもの。石油ならばタンク車、セメントならホッパ車と呼ばれる専用の貨車が用いられます。

　鉄道貨物として運ばれる物品で、いちばん多いのは石油類です。首都圏の臨海工業地帯にある石油精製所から、甲信越地方など内陸部へ向け、灯油などが専用貨物列車で運ばれています。

　次いで、紙製品やパルプ、食料加工品、農産物、化学工業品、セメント・石灰石などが、JR貨物の取り扱い量としては多くなっています。いずれも、まとまった数量を消費地へと送らねばならず、鉄道輸送の特性がいかされる物品ばかりです。

　変わったところでは、自動車部品や完成品の自動車もコンテナ列車で運ばれています。また、例えば川崎市では、市内を貨物線が縦貫していることを利用して、北部地域で出た「ゴミ」を、貨物列車で市南部にある廃棄物処理場へと運んでいます。こうした廃棄物やリサイクル向けの品の輸送も、これからの鉄道貨物輸送で、重要な部分を占めてくることでしょう。

●宅配便業者が利用する「貨物電車」

　日本の貨物列車は、旅客列車ほど高速性が求められないことや、動力集中方式（機関車方式）の方が運行費用が安いことなどから、電気機関車、ディーゼル機関車が牽引する方式がほとんどです。

新しい貨物列車のスタイルとして期待されている「貨物電車」M250系。宅配便など、スピードが要求される輸送需要にこたえるために開発・製造されました。

諸外国においても同じ傾向が見られます。

しかし、宅配便業者のように、運ぶ「スピード」を求める荷主もいます。書類など小口の急送品については、新幹線や飛行機を使った輸送体系ができていますが、まとまった量の荷物を運ぶには、やはり貨物列車が有利です。

そこでJR貨物は、貨物列車のスピードアップにもつとめ、トラック輸送からの転換を図っています。電車方式のコンテナ列車「M250系」を開発し、2002年から東京貨物ターミナル〜大阪・安治川口間で運行を開始しました。この電車は、最高速度130km/hを出すことができ、東京〜大阪間を約6時間10分で結んでいます。これは、東海道新幹線開業以前の東海道本線の特急「こだま」を上回る高速です。

41
最新式のトイレに関するあれこれ

「列車のトイレは"直接式"で…」といわれたのも、今は昔。ダイレクトに線路へ落とすしくみのトイレは、さすがにもう使われていません。沿線住民や、鉄道にとっては身内である保線係員からの要望を、受け入れざるをえなくなったからです。もちろん、都市部を走る列車から、タンク式への切りかえが進みました。

最近では、和式の列車トイレも、ほとんど見かけなくなりました。これも時代が平成に入る頃から、和式に慣れない人が増え、洋式トイレの方が高齢者や身障者などでも使いやすいことから、新幹線などを皮切りに、鉄道においても普及するようになったものです。

今では、家庭用の最新式トイレとほぼ変わりない設備が、列車のトイレにも採り入れられています。ただ、揺れる車内で誤ってセンサーが反応してしまわないよう、しっかりと手をかざさないと水がながれないしくみなど、列車内特有の設備もあります。温水洗浄便座も（循環水を使ってもよい便器洗浄水とは違い、手洗いと同様に清水が多く必要になるためか、列車内では設置される例がなかったのですが）、東北新幹線E5系のグランクラスなどから採り入れられ始めました。

また、車椅子使用者でも利用できる、多機能型の大型トイレが最近の車両ではスタンダードになっています。一般的には、車椅子用座席や広幅の乗降・客室出入口扉、多目的室などと一緒に、1両の車両に集中的に設置されています。東海道・山陽新幹線のN700系（16両編成）では11号車にあります。

この大型トイレは新幹線や特急型車両に限らず、京阪神間の

バリアフリー化の一環として、近年では、車椅子でも利用できる大型トイレが、列車内にも当たり前に備えつけられるようになりました。中には赤ちゃん向けの設備もあります。

　新快速用電車など、都市近郊を走る電車に設置された例もあります。「バリアフリー化」の一環です。オストメイト（人工肛門など）対応型トイレも、新幹線などから設置が始まっています。
　子供連れや女性への配慮も進みました。おむつ交換用のベビーベッドや、赤ちゃんを座らせておける椅子をトイレ内に備えつけた列車も、珍しくなくなってきています。
　ちなみに、男性が「個室」を占領してしまい、女性が使いづらい状況になるのを避けるため、男性用小便所を別に設けることは、新幹線では以前から行われていました。これを、在来線の特急でも採用する例が増えています。伯備線の特急「やくも」などを皮切りに、女性専用のトイレを設定する列車も、ここのところ目立つようになりました。

42
優先座席付近でも携帯電話OKに？

　現在の最新世代の携帯電話やスマートフォンなどは、以前と比べて弱い電波を使っています。そのため、心臓用ペースメーカーに影響を与えることは、ほぼなくなったと考えられています。総務省もこうした技術改良を受けて、2013年には「携帯電話とペースメーカーとの安全な距離」を22cm以上から15cm以上へと緩和。2015年には「一般生活において、医療機器類が誤作動を起こす状況になる可能性は非常に低い」といった主旨の見解を示すにいたりました。

　こうしたことから、病院などの医療機関であっても、携帯電話の使用を禁じるところは見られなくなりました。これも、医療機器への影響はないとの判断からです。医師や看護師同士の連絡に、PHSを使っている病院も当たり前になっています。

　列車内の優先座席における呼びかけでも、今では「混雑時には携帯電話の電源をお切りください」という表現に切りかえられています。これも安全上の配慮というより、マナー上の配慮からといってよさそうです。なお、通話についてはまだ気にする人が多いため、車内では「ご遠慮ください」となっていますが、インターネットへの接続については事実上、自由です。

　一方で、「車内において配慮すべき利用者」の範囲を、高齢者や身障者に限らず、小さな子供連れなどにも広げるという、鉄道を利用しやすくする試みも、徐々に増えています。優先座席は、車椅子用スペースとよくセットにして設けられていますが、車椅子だけでなくベビーカーでもここを利用しやすいよう、ステッカーの貼りつけも行われました。

第4章 まだある! 誰かに話したくなる鉄道知識

わかりやすく他の座席と区別された優先座席部分。今では携帯電話の制限もゆるめられました。低いつり手や荷物棚と組み合わされる例もあります。写真はJR東日本のE235系。

　優先座席とその周囲のスペースを目立たせることも、今ではよく行われています。国鉄が「シルバーシート」と称して座席を灰色にし、1973年に今でいう優先座席を設定したのが、その始まりといわれます。

　深緑色の座席表地がアイデンティティーの1つであった阪急電鉄が、最近、優先座席部分を濃い紅色にしたのもまた象徴的です（現在、変更が進められています）。ステッカーだけではわかりにくいことから、取られている方法です。

　関東の鉄道会社では、座席やつり手の色を変えるのはもちろん、壁や床の色もほかの部分とは変え、優先座席であることを目立たせている例が、小田急電鉄やJR東日本をはじめとして、増えてきています。

43
「LRT＝新しめの路面電車」ではない？

　LRTは「Light Rail Transit」、LRVは「Light Rail Vehicle」の頭文字を取ったもの。適切な日本語訳がないため、そのまま使われているのが実状です。

　LRTでおもに使われている乗り物（車両）がLRVということなのですが、LRVが走っている路線がLRTということではありません。LRTは「軽電車システム」「進化型路面電車」などと呼ばれて誤解を招いたり、「LRV＝LRT」であるとの誤解も広まっています。それぞれ、はっきりとした定義がないので、しかたのない一面もあるのですが…。

● 「LRT」は総合的な輸送システム

　まず、LRTについて少々、回りくどく説明してみましょう。鉄のレールと車輪を用いることは、一般的な鉄道と同じ。より小型の車両を用いるという認識も、間違いありません。本来、都市などで「地下鉄を敷設するほどの大きな需要がない」区間向けの交通機関です。それゆえの「Light」です。

　輸送力上、バスと地下鉄の間を埋める乗り物と位置づけられていることから、従来の路面電車に近い鉄道であることも間違いありません。現に日本では、路面電車を改良したLRTが主流です。ただ「Transit」であるからには、車両だけではなく、総合的な輸送システムであるはずです。

　線路が敷かれる場所は、自動車交通と共用の路面だけではありません。市街地中心部では、乗り降りがしやすい道路上に線路が敷かれますが、郊外に出ると路面を離れ、自動車に妨げられない

第4章 まだある! 誰かに話したくなる鉄道知識

日本におけるLRTの草分けといわれる「富山ライトレール」。走っている電車がLRVで、段差なしで乗降や車内の通行ができるといった特長があります。

専用の線路へと移るのが普通です。また、日本では例がありませんが、沿線の状況によっては、高架線や地下線を走ることも可能で、ヨーロッパではそうした例は多数あります。

駅(停留所)をこまめに設け、利用しやすくするのも大切な要素。相反するようですが、自家用車との対抗上、スピードアップも不可欠になってきます。

用いられる車両は、「超低床式電車」と呼ばれます。客室の床と停留場との段差がほぼなくて乗降しやすく、かつ従来の電車より性能が向上しているものが基本です。機器類の配置を工夫して左右の車輪を結ぶ車軸をなくし、床を極力地面に近づけた路面電車タイプの車両。これをおもに「LRV」と称します。

「乗降の際、段差がない」ことが重要です。停留所を路面上ではなく、専用軌道の脇に造る場合、一般の電車のようにホームの方

をかさ上げして段差をなくした(そちらの方が、技術的にはよほど簡単)、都電荒川線や東急世田谷線もまた、利用者から見て、LRTの一種と見なして差しつかえありません。

ほかにも、ICカードなど簡便な乗降方式を採用することなど、「気軽に利用できる、都市の公共交通機関」として機能するシステムであることが求められます。

●日本における導入状況は？

LRTはまず、西ヨーロッパにおいて発展しました。既存の路面電車を改良するのみならず、都市の活性化のために新設した町も多くあります。

日本では、「LRT＝超低床式電車(LRV)を導入した路面電車」という見方がまだ強く、本格的なLRT路線は数少ないのが現状です。LRVを入れただけで、総合的な交通システムへの脱皮はまだその途上というところも見受けられます。

その中で注目されたのが、2006年に開業した富山ライトレールです。この路線では、JR西日本のローカル線(もちろん路面ではない、専用の線路を持つ)を改良し、JR富山駅に近い区間では路面に新しいルートを設置。将来的に富山駅が高架化されたときには、駅をはさんで反対側に路線がある富山地鉄市内線と相互直通運転を行う予定です。車両はすべてLRVと、欧米で認識されているLRTにほぼ等しい鉄道となりました。

超低床式電車は、路面電車事業者にほぼ行き渡っています。一方で路線の高架化、地下化は進んでいません。ただ、路線を延長して、ほかの路線との連絡の便をよくしようという動きは盛んです。運賃収受方法は、下車時に運転士へ支払う、従来のワンマン運転方式がまだ主流です。

第4章 まだある！誰かに話したくなる鉄道知識

LRTと見なされる要件の1つとして、他の公共交通機関との連携が取られていることもあります。写真のJR富山駅へは、富山地鉄市内線の電車が駅舎内に乗り入れています。

低床式車両を導入する会社は多くあります。写真の福井鉄道は、一般的な電車を使っていましたがLRVを導入。路面区間と郊外の専用軌道を直通運転する、LRT化を進めています。

44
蓄電池で走る電車が「革命」を呼ぶ?

　自動車の世界では、環境にやさしい「エコカー」がはやりですが、鉄道でも蓄電池を活用した車両がすでに実用化されています。JR東日本は、世界ではじめて気動車(p.23参照)にハイブリッドシステムを導入し、2007年からキハE200系として小海線(愛称は八ヶ岳高原線)にて運行。この車両は発電機つきのディーゼルエンジンを搭載しており、モーターで走行します。回生ブレーキ(p.170参照)で発生した電力を蓄電池にためることができ、加速を行う際に、発電した電力と蓄電池の電力を合わせて使うことによって、燃料を節約できるのです。

　キハE200系が成功をおさめたため、JR東日本は各地のリゾート列車、そして仙石東北ライン(仙台〜石巻間)の通勤通学輸送向けとして、ハイブリッド気動車を投入。今では技術的にも安定しています。

　一方、2014年に登場したEV-301系は、「電車方式」のハイブリッドカーです。直流電化区間では通常の電車と同じく架線からの電気で走りますが、同時に搭載した蓄電池にも充電。やはり、回生ブレーキで発生した電力も充電します。そして、この蓄電池の電力だけを用いて走ることもできるため、非電化区間への乗り入れも可能なのです。

　現在は量産先行車(量産する前の長期実用試験車)1本が、栃木県の東北本線と烏山線を直通運転しています。宇都宮〜宝積寺間はパンタグラフを上昇させ、宝積寺〜烏山間はパンタグラフを下ろして走ります。これに続いては、JR九州では若松線、JR東日本では男鹿線(秋田県)への導入が予定されています。

小海線を走る、世界初のハイブリッドシステムを導入した気動車、キハE200系。

ハイブリッド気動車が走るしくみ

通常の走行時

エンジン → 発電機 → コンバータ → 直流 → 主変換装置 VVVFインバータ → 三相交流 → モーター
三相交流　　　　　　　　　　　　　　　　　補助電源装置
　　　　　　　　　　　　　　主回路用蓄電池

加減速時

エンジン → 発電機 → コンバータ → 直流 → 主変換装置 VVVFインバータ → 三相交流 → モーター
三相交流　　　　　　　　　　　　　　　　　補助電源装置
→ 加速時の電気のながれ　　　主回路用蓄電池
→ ブレーキ時の電気のながれ

JR烏山線を走っている蓄電池式電車。非電化区間向けに今後の量産が期待されています。

蓄電池電車が走るしくみ

電化区間
架線
直流1500V → DC/DCコンバータ ← 直流630V ← 電源変換装置 VVVFインバータ → モーター
　　　　　　　　　　　　　　　　　　　　補助電源装置
　　　　　　　　　主回路用蓄電池

非電化区間
架線
直流1500V　　DC/DCコンバータ ← 直流630V ← 電源変換装置 VVVFインバータ → モーター
　　　　　　　　　　　　　　　　　　　　補助電源装置
→ 加速時の電気のながれ　　主回路用蓄電池
→ ブレーキ時の電気のながれ

45
観光列車でも話題の「水戸岡デザイン」

　鉄道車両を新製しようというとき、そのデザインは鉄道会社と車両メーカーのデザイナーが相談しつつ決めていくのが普通で、今でもそういう方式で造られる車両は多くあります。しかし、1つのながれとして、それまで鉄道の世界とはあまり関係がなかった外部のデザイナーを起用して、新しい風を吹き込もうとする動きも、近年盛んです。

　クルージングトレイン「ななつ星in九州」など、JR九州と組んで、さまざまな列車をデザインした水戸岡鋭治氏が、その代表といえるでしょう。独特な色使いと、それまでの鉄道の常識にはない小道具の配置、そして鉄道の魅力を最大限に引き出す車内設備や外観など、特急列車や観光列車に限らず、通勤型電車でも氏の才能が発揮されています。

　JR九州のみならず、駅長ネコ「たま」が話題となった、わかやま電鉄など、水戸岡氏はローカル私鉄にも活躍の場を広げており、全国のあちらこちらで個性が強い列車が走るようになりました。そうした列車を俗に「水戸岡デザイン」の車両とまとめて呼んでいるのです。

　水戸岡氏のみならず、最近では数多くの産業デザイナー、建築デザイナーなどが、鉄道のデザインに挑戦しています。ただ、芸術作品ではないのですから、注目を集める意匠を施すだけでなく、輸送機関としての機能を十分に発揮させ、鉄道の存在をアピールすることが、デザインの要諦。鉄道会社の経営方針にまで、極めて大きな影響を与える存在として、デザイナーの重要性は増しているのです。

第4章 まだある! 誰かに話したくなる鉄道知識

独特な感性を持った水戸岡鋭治氏の鉄道車両デザインは、既成概念を破ったものとして、大きな注目を集めています。写真はJR九州の特急型電車885系。

「水戸岡デザイン」は、ローカル私鉄でも観光列車を中心に採用される例が増えました。写真は、浅間山の麓を走る、しなの鉄道の観光列車「ろくもん」。

46
走行時の電力が半減!? 最新省エネ事情

　昔、駅に到着した電車の床下から、もわっとした熱風が吹き上がってきて、夏など嫌な思いをした記憶はありませんか？ 最近では、そうしたことはほとんどなくなりました。

　1970年代頃まで、電車、電気機関車の制御方式は「抵抗制御」がほとんどでした。これは、抵抗器を回路に挿入することによって、モーターへ供給される電気の電圧を調整して走る方式。構造は簡単ですが、電気の一部が抵抗器によって熱に変わって放出されてしまうので、どうしてもエネルギーの無駄が避けられませんでした。

　モーターも「直流直巻電動機」と呼ばれる、構造が複雑なものがおもに用いられていました。これは制御しやすく、電車の走行には適した性能を持っていたのですが、出力の割にサイズが大きく、部品の交換などに手間がかかりました。

　鉄道技術者の理想は、構造が非常に簡単で頑丈、しかも直流モーターよりはるかに小型にできる「交流誘導電動機」を用いること。しかし、これは制御が非常に難しく、電車に不可欠な「指定された速度で走行する」ことができませんでした。

　ところが、パワーエレクトロニクスの進歩により、鉄道車両に導入できる大電流・大電力向けのインバータが実用化されました。そのため、直流電力を任意の電圧、任意の周波数に制御できるようになり、これと交流誘導電動機を組み合わせた走行システムが一気に普及しました。これを「VVVFインバータ制御」と呼びます。今日では新製される電車のほぼ100％が、この方式を採用しています。

第4章 まだある！誰かに話したくなる鉄道知識

「元祖VVVFインバータ制御車」である、大阪市営地下鉄20系。いきなり量産されて、技術力の高さを示しました。現在も中央線〜けいはんな線で活躍しています。

VVVFインバータ制御の概要

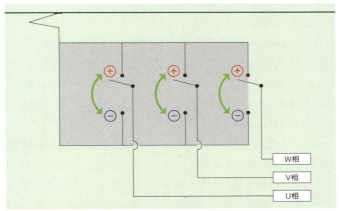

架線からの直流電流を、インバータでスイッチのオン/オフを繰り返すことで三相交流に変換。電圧と周波数を変化させることによって、交流誘導電動機の回転数を制御します。

●路面電車から始まったVVVFインバータ制御

VVVFインバータ制御のVVVFは、「Variable Voltage Variable Frequency」の頭文字を取ったものです。この方式は熱による無駄がなく、回生ブレーキ(p.170参照)の採用も容易であることから、鉄道車両の制御技術としては現在のところ、「完成型」といってもよいものです。

けれども研究・開発の途上で、問題がなかったわけではありません。その最たるものは「誘導障害」でした。制御装置から出るノイズが信号や保安装置に悪影響を与え、誤作動を引き起こす可能性があったのです。

そこで、日本ではじめてVVVFインバータ制御を採用した電車は、一般の鉄道のような信号機や保安装置がない(道路交通信号に従って走る)路面電車でした。1982年に営業運転を開始した、熊本市電の8200形です。

誘導障害が克服され、信号がある一般の鉄道にVVVFインバータ制御が採用された最初の例は、試験用車両を除くと、1984年デビューの大阪市営地下鉄の20系電車(2代目)となります。この電車は新製後に長期試験を行ったため、営業運転開始は東急6000系(初代)改造車や近鉄1250系(現・1420系)より遅れましたが、前2者がそれぞれ3両、2両だけと試作の域を出なかったのに対し、96両も量産されて中央線、谷町線の主力車の1つとなり、現在も中央線で活躍しています。

なお、国鉄最初のVVVFインバータ制御車は1986年の207系900番代で、これはJR東日本へ引き継がれました。1990年代に入ると、この制御方式の採用が常識と見なされるほど、広く普及しています。通勤型電車だけではなく、1990年の東武100系「スペーシア」、1992年に「のぞみ」で運転を開始した300系と、特急型

電車や新幹線電車でも採用例が現れました。新製車のみならず、既存の電車がリニューアル時にVVVFインバータ制御方式へ改造される例もあります。

　VVVFインバータ制御の最大の利点は、その省エネ性能の高さです。JR東日本が開発した209系電車は、国鉄時代の主力車103系と比べて、約半分の電力で走ることができると称されています。また、抵抗制御だとその構造上、段階的な加減速しかできませんが、こちらは無段階の滑らかな加減速が可能です。

　モーターをはじめ、機器類も全般的に小型化でき、同じ床下スペースで、より強力なパワーを発揮できます。そのため編成内で、モーターを搭載した車両の数を減らすこともでき、製造コストやランニングコストの引き下げも可能となっています。メンテナンスの手間も、大幅に軽減されました。

床下に装備されたVVVFインバータ制御装置。パワーエレクトロニクスの発達によって、電車が用いるような大電流、高電圧でも大丈夫な装置が開発可能となり、実現しました。

47
もう1つの省エネの切り札「回生ブレーキ」

　モーターと発電機はおおまかには同じ構造で、外から電力を供給すると回転するモーター、回転軸を何らかの力で回すと電力を発生する発電機になります。

　電車や電気機関車でも、ブレーキをかけるときには、回路を組みかえてモーター（主電動機）を発電機とし、この発電で抵抗、つまりブレーキ力を発生させる「発電ブレーキ」（電気ブレーキ）が古くから一般的に採用されてきました。

　それだけでは完全に停止できなかったため、空気圧を用いて車輪を制輪子と呼ばれるもので押さえつけ、ブレーキをかける「空気ブレーキ」も併用されています。

　発電ブレーキで発生した電力は、やはり抵抗器で熱に変えて空気中へ逃がすことが、おもに行われていました。しかし、やはりこれはエネルギーの無駄であり、抵抗器を用いない制御方式では使えない手法でした。そこで、「この電力を架線に戻し、ほかの電車の加速に使えないか」という発想で生まれたのが、「回生ブレーキ」です。

　一度、消費した電力を、再び発生させることができるとは夢のような話ですが、鉄道ならばそうしたことも可能。ならば省エネ効果も高く、ひいては電気代も安くつく、このブレーキを採用しようという会社が増えても不思議ではありません。1990年代にVVVFインバータ制御が本格的に実用化されると、回生ブレーキもセットとして一緒に採用されることが、これもまた「常識」になっています。

　最近の電車では、純電気ブレーキ、もしくは全電気ブレーキと

第4章 まだある! 誰かに話したくなる鉄道知識

現在では、新製されるほぼすべての電車が回生ブレーキを採用しています。京急電鉄（写真は新1000形）など、保有全車両が回生ブレーキ装備という会社もかなり増えてきました。

回生ブレーキと電流

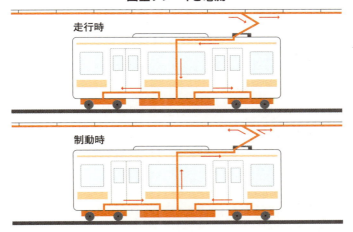

回生ブレーキは電力を架線に戻す方式。ブレーキをかけたとき、ほかに加速している電気車が存在しないと、電流がながれず、ブレーキがきかなくなる（失効する）という弱点があります。

呼ばれる、理論上は、空気ブレーキ（摩擦ブレーキ）を用いなくても停止できるしくみが備わっています。これだと電力回生の効率も高くなり、よりいっそうの省エネが図れます。

しかし、万一の故障に備えて、ブレーキ系統は二重化しなければなりません。そして、やはり回生ブレーキが使えない停車中に誤って電車が動き出してしまわないように、モーターへの負担が大きくなりすぎないようにといった考えから、いずれの電車も必ず空気ブレーキを併設しています。

●回生ブレーキには弱点もある

いいことづくめのような回生ブレーキですが、実は弱点もあります。電車から発生する電圧より、架線の電圧の方が高ければ、架線へ電力が戻りにくくなり、ブレーキがきかなくなるのです。これを回生ブレーキの「失効」と呼びます。

大都市の通勤路線のように、回生した電力を使ってくれる加速中の電車の数が多ければ、何の問題もありません。しかし、ローカル線のように走る電車の数が少なければ、失効が起こりやすくなります。ブレーキがきくかきかないかということなので、電車の運行上、大きな問題です。

対策としては、もし回生ブレーキの失効が起こりそうになったら、自動的に一般的な発電ブレーキに切りかえられるよう、抵抗器を積む例があります。一見、無駄なようにも思えますが、背に腹はかえられません。

電車にではなく、変電所に回生電力を消費する大型の抵抗器を設けている例も数多くあります。特にブレーキ作用が重要な急勾配路線や路面電車では、注意が必要なのです。

ただやはり、せっかく回生した電力を抵抗器で熱に変えてしま

第4章 まだある！誰かに話したくなる鉄道知識

回生ブレーキは、列車の運転本数が多い路線でその真価を発揮します。大都市圏の鉄道でこそ効果が大きく、反対に閑散区だと失効するおそれもあります。写真は、京王線の明大前駅付近。

うのは、もったいないことです。そこで、蓄電池や「フライホイール・バッテリー」（電気エネルギーを一時的に、回転運動に変えて保存する装置）に電力を蓄えておき、ラッシュ時など電力が多く必要な際に、再び架線へ供給する設備を整えている鉄道会社もあります。また、電車だけではなく、回生電力を駅や信号設備に使えないか、研究している会社もあります。

　一方、パンタグラフが架線から一時的に離れてしまうことによっても、回生ブレーキの失効が起こりえます。そこで、回生ブレーキを採用した電車においては、パンタグラフを1両あたり2台として、架線から離れる状況を起こりにくくしている例もあります。近年、架線への追随性能がすぐれている、シングルアーム式パンタグラフが開発され、普及したことによって、この問題が解決されました。

48
運転士はどうやって電車をあやつる?

　電車の場合、運転台に座った運転士は、2本のハンドル(レバー)を使って加速・減速を行うのが基本です。加速するときは「マスコン」(マスターコントローラ)、減速のときは、もちろんブレーキハンドルを扱います。ただ、現在の電車では両者が一体になった「ワンハンドルマスコン」を採用する会社が多くなっており、これは1本で加速も減速もあやつります。手前に引くと加速、前に倒すとブレーキがかかるようになっており、これは日本の電車すべてにおいて共通です。

　運転台からの指令は、床下に装備された主制御器、あるいはブレーキ装置に伝えられます。複数の車両を連結している場合は、伝送線(車両間に渡されるコード)を使うわけですが、機能が複雑化するにつれ、システムごとに取りつけられている、このコードの重さがばかにならないものとなってきました。

　そこでJR東日本が開発したのが、伝送線を一本化し、搭載機器を一括して管理する「TIMS」です。「Train Information Management System」の頭文字を取った装置で、指令を伝送するのみならず、機器類の状況を示す情報も運転台にあるモニターに表示。必要があれば、そのモニターから指令を出すことも可能にしました。加速・減速のみならず、例えば空調装置や乗降扉の開閉装置、車内放送など、運転やサービスにかかわる、ほとんどすべての機器類への指令が可能です。ただ、非常ブレーキだけは、万一の故障を考えて、TIMSとは別系統とされました。同様のシステムはJR、私鉄各社も採用しており、山手線用E235系には後継システムとなる「INTEROS」が搭載されています。

第4章 まだある! 誰かに話したくなる鉄道知識

新幹線電車の運転台。左側にあるハンドルがブレーキで、右側がマスコンです。さらに右側にある画面がモニター装置で、機器類の動作状況などを、ここに表示・確認できます。

E231系電車の床下に装備されている「TIMS」の指令装置。JR東日本では標準的なシステムで、車両の機器類を一括して管理・操作することができます。

49
「使い捨て電車」という勘違い

　JR東日本が、1992年に試作車901系を製造したとき、打ち出したキャッチフレーズが「コスト半分・重量半分・寿命半分」でした。このうち、寿命半分という部分だけが断片的にマスコミなどに取り上げられ、おもしろおかしく「使い捨て電車」と伝えられたのは、非常に残念なことでした。

　同社は発足時、多数の老朽化した車両を抱えており、すみやかに新製車へ交換しなければならない状況でした。そのため自社で電車製造工場を建設したことは、pp.60～63で説明した通りです。その際、車両が新製されてから廃車までの「ライフサイクル」を徹底的に見直し、メンテナンス部門も再構築。ビジネスモデルの確立を急ぎました。その経営方針に合致する車両として、901系の量産タイプである209系が1993年に生まれ、京浜東北線へ集中的に投入されたのでした。

　キャッチフレーズにある「コスト半分」とは、まず、大量の新車を毎年、製造する必要から、過剰な装飾をしないシンプルなデザインとし、製造コストを切り下げること。そして、VVVFインバータ制御や回生ブレーキを採用し、徹底的なメンテナンスフリー化を図って、ランニングコストを削減するという意図でした。というのも、電車のライフサイクルにおいて必要な資源・エネルギーの総量のうち95％以上が、走行用の電力やメンテナンスの際に消費されていたためです。

　「重量半分」とは、機器類の小型化などによって、徹底的な軽量化を図り、やはり走行の際に必要なエネルギー量の削減を行うという意味です。

第4章 まだある! 誰かに話したくなる鉄道知識

京浜東北線時代の209系電車(右)。JR東日本の設備投資計画、ひいては経営戦略にのっとって製造されたはじめての電車で、あとに続く各系列の基礎を築きました。

209系は現在、おもに房総地区で運用されています。製造から10年以上が経過していましたが、旧型車の置きかえのためにリフレッシュの上、転用されました。

●「寿命半分」の意味するところ

さて、問題の「寿命半分」です。電車の減価償却期間が税法上、13年であることから、30〜40年も使い続けることが前提の従来の設計を改め、10数年程度の使用を見越して設計することでした。もし、新車を10数年で廃車にしても、無駄が出ないよう考えられたのです。

この方針が取られた理由は、まず第一に技術革新の速さです。インターネットや携帯電話の普及が象徴的ですが、10数年もたてば、省エネ技術はさらに進歩し、走行の際の消費電力はさらに削減されることが予想されます。ならば、「古い電車を使い続ける方がもったいない」という事態になりかねません。

前述のように、電車の新製時、あるいは廃車解体時の消費エネ

ルギー量は、相対的に微々たるものです。今ではリサイクル技術も急速に進歩しており、ゴミはほぼ出ません。

また、209系が設計された当時の電子部品の寿命は、もともと10年程度しかなく、交換が必要になることも背景としてありました。それなら、より省エネ性能にすぐれた新型車両に早めに取りかえた方が、経営上も有利です。使い捨てとはまったく逆の「エコ」な発想に基づいた経営方針であり、新車だったのです。

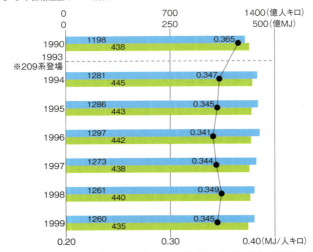

209系登場以降、少ない電力で走れる「省エネタイプ」の電車が次第に増え、輸送量は増加傾向にあったのに、運転用の消費エネルギーは減少傾向となりました。
1997年には、長野新幹線(北陸新幹線)の開業があり、単位輸送量あたりの消費エネルギーが増えました。ただし、消費エネルギーの総量は増えていません。

出典:「JR東日本の環境問題に対する取組み 現状と課題2000」

209系は京浜東北線用を中心に、1000両以上が量産されました。この電車の発展形であり、技術の進歩を盛り込んで設計を改めた電車が、現在の首都圏の主力であるE231系でありE233系です。京浜東北線用の209系は、機器類の老朽化、旧式化が進み、故障も多くなってきたと認められたことから、ほぼ当初の計画通りに、2007年から2010年にかけて、E233系に置きかえられました。

しかし、その時点でもまだ、国鉄時代に製造された旧式の電車がJR東日本には残っていたことから、209系も機器類をリニューアルして転用することになりました。ステンレス製の車体はまだまだ使用に耐えうるため、設備投資抑制の意味もあって、利用することになったのです。

転出先は房総半島の各線でした。京浜東北線時代は10両編成でしたが、6両もしくは4両編成で運用するため、余剰となった中間車は、そのまま廃車解体となっています。もちろん、それも想定内でした。転用された209系は、一部の車両にトイレや4人がけボックスシートを設けるといった改造も受けています。

そのほか、中央総武緩行線や常磐線〜東京メトロ千代田線などに投入された209系も、機器類のリニューアルを受けて今も走っています。寿命を延ばすこともまた想定されていたのです。

運転用消費エネルギー量の比較（系列別）

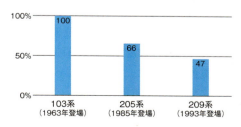

※103系を100%とした場合

50
これからの通勤電車はどうなる？

　少子高齢化が進み、日本も人口減少時代を迎えました。しかし、大都市圏における通勤ラッシュは解消されそうにありません。がっかりされるかもしれませんが、少なくともあと数十年は、朝の乗車率が100％を大きく超えるような、今の状況が続くことでしょう。

　ただし、新しい鉄道の建設ペースが鈍ってきたなど、転換期に差しかかってきた気配は感じられるようになりました。もし、2020年のオリンピック・パラリンピックが東京に来なかったら、もう少しはっきりした影響が見られたかもしれません。

　通勤型電車そのものも、基本的には今と変わらないまま、しばらくは代がわりを繰り返していくでしょう。近い将来においても、JRや多くの大手私鉄では、20m級・片側4扉、ロングシートの電車が主力であり続けることは間違いありません。

　ただ、少しでも通勤通学を快適にしようという試みは続けられることでしょう。わかりやすい例が、座席指定制の列車の導入です。首都圏では小田急電鉄や西武鉄道など、追加料金を支払えば必ず座れる特急列車が、古くから通勤客に愛用されている会社もあります。関西では近鉄などがこれに該当します。

　これらのあとを追う形ですが、最近、京王電鉄京王線や東急東横線、東京メトロ副都心線・有楽町線（さらに西武鉄道池袋線・西武池袋線直通）といった、これまで座席指定制列車の運転実績がない路線にも、導入が発表されました。休日のレジャー客の利用も視野に入っており、必ずしも通勤客向けだけということでもなさそうですが、新しい動きとして注目されるところです。

西武が2017年春に投入を予定している40000系電車の完成予想イラスト。クロスシートとロングシートが転換可能な座席も備えるなど、新しい試みがなされます。

●目立つ技術革新はあるか?

　技術的な面では、軽量ステンレスあるいはアルミニウム・ダブルスキン構造の車体に、VVVFインバータ制御・回生ブレーキの組み合わせという電車が、当面、製造され続けると思われます。改良は続けられていくことでしょうが、利用者の目にもはっきり「これだ」とわかる技術革新がありますかどうか。

　車内設備は、バリアフリー化、ユニバーサルデザイン化がもっと進み、どんな利用者にも「やさしい」電車であることが、さらに研究されていくことでしょう。西武鉄道が2017年春に導入する予定の40000系では、子供や車椅子・ベビーカーの利用者にも配慮し、窓向けの腰かけだけを設けた「パートナーゾーン」が用意されます。このような、各社ならではの斬新な試みにも期待したいところです。

おわりに

　鉄道は、社会の縮図です。世の中にある喜ばしいこと、悲しいこと、すべて鉄道でも起こるといっても過言ではないでしょう。

　あらゆる分野の専門家が、鉄道にはそろっています。国鉄時代には「国鉄の技術者を見渡してみると、いないのは助産婦（現在の助産師）だけ」といわれていたほどです。今でこそ女性の活躍が著しい鉄道各社ですが、当時は完全な男社会だったので、こんな表現でした。

　この本は、そんな鉄道のごくごく初歩的な一断面を切り取ってお伝えしているだけです。重要な基礎知識ばかりだとは思っていますが、ほんの入り口にすぎません。もし、興味が出てきたら、さらに詳しい解説書へと踏み出してみるのもよいでしょう。

　また、知識を持った上で、実際の鉄道に乗ったり見たりすれば、新しい視野が得られ、世界が広がってくると思います。私は「未知の鉄道に乗ってみたい！」という欲求が強すぎて、日本で旅客営業を行っているすべての鉄道を「完乗」してしまいました。JR、民鉄問わずです。このように人は、鉄道趣味という深い世界に、はまり込んでいくのです…。

　冗談はさておき。鉄道に対する興味は、本当に人それぞれです。列車に乗ることが好きな「乗り鉄」、写真を撮るこ

2011年8月9日、日本の鉄道全線完乗を、この富良野駅で達成しました。

　とが好きな「撮り鉄」が二大派閥などといわれていますが、他にも鉄道趣味にはさまざまな分野があります。それも、鉄道の世界の広さ、奥深さゆえです。

　自分の仕事、あるいは趣味にかかわる分野が、鉄道には必ずあります。法制度に詳しいなら、鉄道の営業規則をひもといてみるのもいいでしょう。JR各社の規則集は、まるで辞書のような分厚さで迎えてくれます。グルメが好きなら、駅弁の世界があります。全国各地、何百もの弁当があなたを待っています。

　入り口をくぐったら、あとは自分の思うがままに歩むことです。必ず鉄道の世界はこたえてくれるでしょう。

　本書が、そのよき手引きとなることを祈ります。

　　　　　　　　　　　　　　　　　　　　　　土屋武之

《 参 考 文 献 》

日本鉄道図書/編『鉄道用語事典』(日本鉄道図書、1989年)

久保田 博/著『鉄道用語事典』(グランプリ出版、1996年)

久保田 博/著『鉄道車両ハンドブック』(グランプリ出版、1997年)

高速鉄道研究会/編著『新幹線 高速鉄道技術のすべて』(2003年、山海堂)

佐藤信之/著『モノレールと新交通システム』(グランプリ出版、2004年)

佐藤芳彦/著『新幹線テクノロジー』(2004年、山海堂)

佐藤芳彦/著『通勤電車テクノロジー』(2005年、山海堂)

東日本旅客鉄道株式会社/著『東日本旅客鉄道株式会社二十年史』(2007年、東日本旅客鉄道)

水戸岡鋭治/著『旅するデザイン 鉄道でめぐる九州~水戸岡鋭治のデザイン画集』(2007年、小学館)

宇都宮浄人、服部重敬/著『LRT~次世代型路面電車とまちづくり』(2010年、成山堂書店)

土屋武之/著、鳳梨舎/編『ビジュアル図鑑 鉄道のしくみ 基礎篇(すぐわかる鉄道の基礎知識)』(ネコ・パブリッシング、2011年)

土屋武之/著、鳳梨舎/編『ビジュアル図鑑 鉄道のしくみ 新技術篇(ここまで進んだ最新の鉄道技術)』(ネコ・パブリッシング、2011年)

《 参 考 論 文 》

鎗水信治、引間英男「209系電車の環境影響の定量的評価」(一般社団法人日本鉄道車両機械技術協会協会誌『R&m』2003年8月号pp.40~43)

稲津博章「メンテナンスの革新~世界一のメンテナンス技術をめざして」(『JR EAST Technical Review No.2 pp.3~6)

野元 浩「JR東日本の通勤電車の開発経緯」(『JR EAST Technical Review No.8 pp.11~17)

《 参 考 サ イ ト 》

山梨県立リニア見学センター公式サイト
http://www.linear-museum.pref.yamanashi.jp/

※ほかに、多くの論文やサイトを参考にしています。

索引

英数字

0系	36、42、124、136
ATACS	89
ATC	52、96、120
ATO	52、110
ATS	94
ATS-P	98
E2系	28、36、43
E233系	13、74、77、105、179
E5系	28、44、48、69、154
East i	122
HSST	50
ICカード	126、160
LCD	141
LCX	138
LED	68、140
Linimo	50、53
LRT	158
LRV	158
N700系	10、14、19、28、40、44、48、69、138、154
TIMS	174
VVVFインバータ	119、166、170、176、181

あ

アルミニウム	36、56、181
おいらん車	103
押出成形	38

か

回生ブレーキ	162、168、170
カシオペア	20、25、146
貨物列車	20、150
軌間可変電車	30
気動車	23、122、162
拠点間輸送	150
空気ばね	48、83
空気ブレーキ	170
クラッシャブルゾーン	104
グランクラス	44、154
クロスシート	74、142、181
建築限界	100
限界測定車	103
こだま	14、69、104、124、153
コロ	46
コンテナ	150

さ

仕業検査	114
軸ばね	82
弱冷房車	80
車上子	94
車体傾斜システム	48
車内情報案内装置	140
車両限界	100
車両工場	58、115
車両製造工場	60
蒸気機関車	18、23、24、99、116、118
信号機	18、87、90、94、98、168
寝台	40、146
スタンションポール	79
ステンレス	36、56、60、64、79、179、181
制輪子	118、170
速度制限	93、96

た

台車	46、62、82、114
ダイヤグラム	130
ダブルスキン構造	37、181
単線区間	18、86
地上子	94
超低床式電車	159
超電導リニア	32、50
つり手	12、76、157
ディーゼルカー	10、23、24
デジタルATC	96
デジタルサイネージ	142
デポジット	129
動力集中方式	22、26、152
動力分散方式	22、26
ドクターイエロー	120
トンネル微気圧波	43

な

のぞみ	14、28、69、112、168

は

ハイブリッドカー	162
バケットタイプ	73
はやぶさ	28、31
バラスト	40、136
バリアフリー	76、108、155、181
パワーエレクトロニクス	118、166
パンタグラフ	42、100、115、118、162、173
ひかり	14、69、108
踏切	52、59、86、100、106、134
フリーゲージトレイン	30
振り子式	46
ブルートレイン	20、148
フル規格	31
閉塞区間	86、90、94、130
ポートライナー	52、108
ホームドア	54、108
ポリカーボネート	40、144
ボルスタレス式台車	84

ま

枕ばね	82
枕ばり	84
マスコン	174
みずほ	28、69
無人運転	34、52、108
無線LAN	138

や

夜行	146
優先座席	76、156
ユニバーサルデザイン	76、181

ら

ライフサイクル	118、176
ラッピング	58、64
リクライニングシート	124
リニアモーターカー	32、50
リレー方式	31
列車自動運転装置	52
列車自動制御装置	52、96
列車自動停止装置	94
漏洩同軸ケーブル	138
路面電車	64、158、168
ロングシート	12、72、79、180

なぜ線路際に信号機がないの?
どうして超高速で分岐できるの?

新幹線の科学

梅原 淳

好評発売中

本体 952円

高速移動を支える新幹線は、日本が誇るハイテクのかたまりです。本書では、新幹線の基礎知識、駆動系、電力供給、車体、客室、運転、線路、安全性などさまざまな技術を、カラー写真と図解で解説します。最高時速300kmで走り回るハイテク満載の「N700系」から「E5系」「E6系」、二階建新幹線、ミニ新幹線、そして歴代の車両まで、たっぷりお楽しみください。

第1章　N700系の科学	第7章　運転の科学
第2章　新幹線の基礎知識	第8章　線路の科学
第3章　駆動系の科学	第9章　安全の科学
第4章　電力供給の科学	第10章　乗客サービスと運行
第5章　車体の科学	第11章　海外・将来の高速鉄道
第6章　客室の科学	

**蒸気機関車から新幹線まで
車両の秘密を解き明かす**

鉄道車両の科学

宮本昌幸

好評発売中

本体
1,200円

通勤電車から新幹線まで、わが国には網の目のように鉄道が走り、多くの人が利用しています。しかし、なにげなく乗っている鉄道車両がどんな仕組みなのか、これまでどうやって進化してきたのかを知る人は少ないかもしれません。本書では、わが国の蒸気機関車、客車、貨車、電車、新幹線、電気機関車、気動車、ディーゼル機関車が、どのように発展してきたかを豊富な図版と写真で解説します。

第1章	鉄道車両とは	第7章	電気機関車
第2章	蒸気機関車		（EL：Electric Locomotive）
	（SL：Steam Locomotive）	第8章	気動車
第3章	客車（PC：Passenger Car）		（ディーゼル動車、DC：Diesel Car）
第4章	貨車（FC：Freight Car）	第9章	ディーゼル機関車
第5章	電車（EC：Electric Car）		（DL：Diesel Locomotive）
第6章	新幹線		

エアバス機とボーイング機の違いは?
自動着陸機能はどういうしくみなの?

カラー図解でわかる
ジェット旅客機の操縦

中村寛治

好評発売中

本体
952円

旅行や出張でジェット旅客機に乗ったとき、「パイロットはいったいなにをしているんだろう?」と不思議に思ったことはありませんか? 通常、コックピットに立ち入ることはもちろん、見ることすらできませんから、そんな疑問はもっともです。そこで本書では、出発準備から始動、離陸、巡航、降下&進入、着陸、緊急事態への対処に至るまで、パイロットが行うすべての仕事を詳細なカラー図解で"実況中継"します。

第1章	出発準備~プリフライト	第5章	巡航~クルーズ
第2章	始動~エンジンスタート	第6章	降下&進入~ディセント&アプローチ
第3章	離陸~テイクオフ	第7章	着陸~ランディング
第4章	上昇~クライム	第8章	緊急事態~エマージェンシー

**タンカーの燃費をよくする最新技術とは?
驚きの方法で曲がる「舵のない船」とは?**

船の最新知識

池田良穂

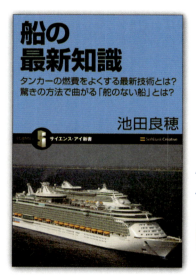

好評発売中

**本体
952円**

青い大海原の中、白波を立てて走る船の姿はかっこいいものです。本書では「なぜ船は水に浮かぶのか?」という基礎のキソから、クルーズ客船、コンテナ船、タンカー、LNG船、高速カーフェリー、水中翼船にいたるまで、船の特徴を写真と図解で解説。船ができるまで、船を走らせる技術、構造強度、運航技術、港やドックの秘密まで盛り込んでいるので、これ1冊で船のすべてがわかります。

第1章	船とはなにか?	第6章	船の構造強度
第2章	船の種類はさまざま	第7章	船の運航技術
第3章	クルーズ客船の中をのぞいてみよう	第8章	船の仕事の中心は港
第4章	船ができるまで	第9章	船の休憩所
第5章	船を走らせる技術		

サイエンス・アイ新書 発刊のことば

science·i

「科学の世紀」の羅針盤

20世紀に生まれた広域ネットワークとコンピュータサイエンスによって、科学技術は目を見張るほど発展し、高度情報化社会が訪れました。いまや科学は私たちの暮らしに身近なものとなり、それなくしては成り立たないほど強い影響力を持っているといえるでしょう。

『サイエンス・アイ新書』は、この「科学の世紀」と呼ぶにふさわしい21世紀の羅針盤を目指して創刊しました。情報通信と科学分野における革新的な発明や発見を誰にでも理解できるように、基本の原理や仕組みのところから図解を交えてわかりやすく解説します。科学技術に関心のある高校生や大学生、社会人にとって、サイエンス・アイ新書は科学的な視点で物事をとらえる機会になるだけでなく、論理的な思考法を学ぶ機会にもなることでしょう。もちろん、宇宙の歴史から生物の遺伝子の働きまで、複雑な自然科学の謎も単純な法則で明快に理解できるようになります。

一般教養を高めることはもちろん、科学の世界へ飛び立つためのガイドとしてサイエンス・アイ新書シリーズを役立てていただければ、それに勝る喜びはありません。21世紀を賢く生きるための科学の力をサイエンス・アイ新書で培っていただけると信じています。

2006年10月

※サイエンス・アイ（Science i）は、21世紀の科学を支える情報（Information）、
知識（Intelligence）、革新（Innovation）を表現する「 i 」からネーミングされています。

SB Creative

サイエンス・アイ新書
SIS-364

http://sciencei.sbcr.jp/

誰かに話したくなる
大人の鉄道雑学
新幹線や通勤電車の「意外に知らない」から
最新車両の豆知識、基本のしくみまで

2016年9月25日　初版第1刷発行

著　者	土屋武之
発行者	小川　淳
発行所	SBクリエイティブ株式会社 〒106-0032　東京都港区六本木2-4-5 電話：03-5549-1201（営業部）
装丁・組版	クニメディア株式会社
印刷・製本	図書印刷株式会社

乱丁・落丁本が万が一ございましたら、小社営業部まで着払いにてご送付ください。送料小社負担にてお取り替えいたします。本書の内容の一部あるいは全部を無断で複写（コピー）することは、かたくお断りいたします。本書の内容に関するご質問等は、小社科学書籍編集部まで必ず書面にてご連絡いただきますようお願いいたします。

©土屋武之　2016 Printed in Japan　ISBN 978-4-7973-8663-9

SB Creative